U0257957

中国社会科学院财经战略研究院报告
National Academy of Economic Strategy Report Series

中国社会科学院创新工程学术出版资助项目

中国能源安全系列研究

中国能源安全的新问题与新挑战

NEW ISSUES AND CHALLENGES OF CHINA'S ENERGY SECURITY

史　丹等／著

社会科学文献出版社

SOCIAL SCIENCES ACADEMIC PRESS (CHINA)

出版前言

    中国社会科学院财经战略研究院始终提倡"研以致用",坚持"将思想付诸实践"作为立院的根本。按照"国家级学术型智库"的定位,从党和国家的工作大局出发,致力于全局性、战略性、前瞻性、应急性、综合性和长期性经济问题的研究,提供科学、及时、系统和可持续的研究成果,当为中国社会科学院财经战略研究院科研工作的重中之重。

    为了全面展示中国社会科学院财经战略研究院的学术影响力和决策影响力,着力推出经得起实践和历史检验的优秀成果,服务于党和国家的科学决策以及经济社会的发展,我们决定出版"中国社会科学院财经战略研究院报告"。

    中国社会科学院财经战略研究院报告,由若干类专题研究报告组成。拟分别按年度出版发行,形成可持续的系列,力求达到中国财经战略研究的最高水平。

    我们和经济学界以及广大的读者朋友一起瞩望着中国经济改革与发展的未来图景!

中国社会科学院财经战略研究院

学术委员会

2012 年 3 月

《中国能源安全的新问题与新挑战》
课题组名单

组　　长　史　丹

成　　员　（按本书各章作者排序）

　　　　　杨彦强　裴庆冰　王振霞　渠慎宁

　　　　　余颖丰　夏先良　张　宁　李　蕊

　　　　　李晓华　张亚豪

序　言

　　中国能源安全问题在 20 世纪 90 年代就已开始研究，笔者曾就能源安全问题进行过两次专门研究。第一次是 20 世纪 90 年代末，笔者独立完成中国社会科学院重大课题"中国经济安全中的能源安全"专题研究；第二次是 2005 年笔者主持国家能源办委托的项目"中国能源安全重大问题研究"，参与单位除了笔者当时所在的单位中国社会科学院工业经济研究所外，还有国际关系研究所、国土资源部研究中心、中国石油勘探研究院等单位，参与人员主要是从事国际关系和能源资源问题研究的专家。本次笔者再次组织能源安全问题研究，主要是考虑到随着世界经济和能源格局的发展与变化，能源安全出现一些新问题、新挑战，影响能源安全的主要因素与主要矛盾发生较大的改变，深入分析新形势下能源安全面临的新问题、新挑战，不仅是能源安全问题理论研究的需求，而且对于我国提高能源安全保障能力具有重要的现实意义。

　　笔者认为，国际金融危机之后，能源安全的内涵与外延的演变已十分显著。与 20 世纪 70 ~ 80 年代相比，能源安全概念所涵盖的范围更广，内容更丰富。除石油供应安全外，还包括电力安全、天然气安全以及能源环境安全等。能源安全的风险不仅源于能源地缘政治动荡而造成的供应中断，而且还源于能源市场中价格的异常波动对能源投资的影响，能源安全供需市场呈现金融化趋势；环境问题和气候变化问题使能源供应出现结构性短缺，清洁能源发展成为能源安全供应保障的重要途径。国际金融危机对全球经济与能源格局产生重要影响，与地缘政治相关的能源安全问题依然存在，但能源安全问题的冲突更多的是通过贸易和投资等经济活动的形式表现出来，日益增长的国际投资与贸易摩擦的背后往往是源于能源安全问题的考虑。

当前我国既有对能源安全内涵的认识不断深化进而产生的需要解析的新问题，如低碳发展理念对能源发展路径与供给结构的影响，也有我国能源贸易和海外投资应对国际、国内环境变化的新挑战，以及能源品种全面进口对我国能源安全战略的新要求。

根据能源安全出现的上述新问题，笔者组织了从事贸易、投资、金融、价格和产业问题研究的人员进行本项研究。本书是在研究报告基础上形成的专著。课题组的分工是：笔者提出研究框架和主要研究内容，由课题组成员分别执笔各章。各章研究报告由以下人员执笔，杨彦强（第一章），裴庆冰（第二章），王振霞（第三章），渠慎宁、余颖丰（第四章），夏先良、张宁、李蕊（第五章），张宁、夏先良（第六章），李晓华、张亚豪（第七章）。在研究报告初稿完成后，笔者对第一章、第五章、第六章研究报告的结构和内容进行了较大修改，补充了第一章第一节、第五章第一节、第六章第一节和第二节，对第二章、第三章、第四章提出修改意见并由执笔人进行多次修改；此外，笔者还修改了第四章的结构，参与了第七章的前期研究。

本书是笔者主持的新形势下能源安全研究系列的第二本，重点探讨对能源安全有重大影响的低碳发展问题、能源金融与价格波动影响问题、能源贸易与投资问题、能源战略储备问题。第一本是关于中国能源安全的国际环境，已出版。第三本是探讨能源产业发展与能源安全问题，计划于2014年初出版。笔者对社会科学文献出版社为本系列研究成果的出版所做的努力表示感谢；感谢课题组成员的积极配合和努力，我们才得以按时完成预期的研究任务。

史 丹

2013 年 4 月于北京

目录

第一章 低碳发展条件下的
能源安全问题

低碳发展的实质是以低排放、低能耗、低污染为基本特征，以低碳技术、低碳产业、低碳生活方式等为基本内容，以保证国民经济和社会的可持续发展为目标的新型发展模式。低碳发展是人类在发展过程中为了应对气候变化而采取的基本措施，是未来人类经济社会发展的基本方向，同时也给能源安全带来了全新的内涵和问题。

第一节 能源安全的概念及其演变

一 能源安全内涵与外延的演变

能源安全是经济学、国际关系与政治学、环境学等学科的热点问题。由于涉及多个学科，研究角度较为宽泛，能源安全的内涵与外延不断扩展。不同的历史阶段、不同的研究目的和不同的视角，对能源安全的内涵有不同的理解。从另一个角度来看，能源安全的内涵与外延的不断变化，也是能源安全问题不断演变和相关研究不断推进的一种表现。

笔者认为，能源安全的内涵涉及能源安全的本质性问题，能源安全的外延是内涵的表现形式，是由能源安全本质性问题衍生出来的问题，外延的范围随着内涵的丰富而不断扩展。对于能源安全内涵与外延及其关系的理解，有助于我们把握能源安全的主要矛盾，制定有效的能源安全保障措施。安全与风险是一个事物的两个方面，安全的内涵就要保持一种不受威胁、不受打击、不受损害的状态。随着对风险认识的深化，能源安全的内涵也不断丰富。从世界历史发展角度看，能源安全是一个两次石油危机后才逐渐为国际社会所接受的现代词语。能源安全的内涵随着时间的推移而不断丰富，大致经历了三个阶段。

第一阶段，两次石油危机至 20 世纪 80 年代中期。为应对石油危机，1974 年，由主要发达国家成立的国际能源机构（IEA），首次正式提出了以稳定原油供应和价格为中心的能源安全概念，并在经合组织范围内建立了以战略石油储备为核心的应急反应机制。

第二阶段，20 世纪 80 年代中期至 20 世纪 90 年代初期。两次石油危机过后，国际石油市场发生了重大变化，市场供大于求，油价长期低迷，能源的使用安全问题逐渐引起西方发达国家的关注。随着全球气候变暖和大气环境质量的急剧下降，发达国家开始以可持续发展的眼光审视其能源安全问题，更多地把注意力放在创建高效运转的能源市场上，更强调经济效益和环境保护。1992 年，在日本京都召开了全球气候变化会议，制定了有关限制发达国家温室气体排放的《京都议定书》。此后，发达国家在制定本国能源发展战略中，率先将使用安全的概念引入国家能源安全的目标中。

第三阶段，进入 21 世纪以来，逐步形成强调协调与均衡发展的、内涵更丰富的大能源安全观。与 20 世纪 70 ~ 80 年代相比，能源安全概念所涵盖的范围更广，内容更丰富。除石油供应安全外，还包括电力安全、天然气安全以及能源环境安全等。国际金融危机和美国页岩气的大规模开发，对世界经济与能源格局产生重要影响，能源安全问题的冲突更多的是通过贸易和投资等经济活动的形式表现出来，能源供需市场的金融化趋势十分明显。能源安全内涵的扩展不仅是人类对能源利用认识的深化，也是国际政治经济环境变化的结果。需要说明的是，为了应对气候变化，能源安全的内涵已有较大拓展，能源安全由国家利益扩展到全球人类的利益。

能源安全的外延是消除能源安全风险过程中所涉及的一系列问题，针对上述当前能源安全的内涵，能源安全的外延主要包括能源贸易与投资、能源市场管控、能源战略储备、能源外交、能源全球治理等领域。可能采取的措施除了经济手段外，还有法律措施、政治与外交手段、社会治理等。因此，能源安全的外延属于多学科交叉研究的领域。由此产生一个问题，即能源安全的内涵是哪一个学科研究的对象？笔者认为，能源安全的本质属于经济安全范畴，是经济学的研究对象，能源安全研究的学科交叉主要体现在能源安全的外延方面。能源安全的外延问题是与现实经济问题直接紧密联系的，直接涉及国家的大政方针与政策措施，是能源安全研究的重点。随着能源安全外延的扩大，能源安全原有的内涵在淡化，即传统意义上的安全观被新的安全理念所取代。从国内外研究状况来看，能源外交和能源国际合作似乎已成为国际关系学中的一个重要分支。能源贸易与对外投资也是国际贸易学中的一个重点研究领域。近年来，国内外的有关研究文献迅速增加，能源金融这一概念也被学界所接受。如果说能源安全的内涵是反映能源安全的一种"状况"，那么能源安全的外延则是反映各种能源安全风险的"冲击"以及以国家为单位的系统"响应"问题。从理论到实践，关于能源安全问题，现在人们更关心的是"冲击"与"响应"。

实际上，当前我国既有对能源安全内涵的认识不断深化而产生的需要解析的新问题，如低碳发展理念对能源发展路径与供给结构的影响，也有我国能源贸易和海外投资应对国际、国内环境变化的新挑战，以及能源品种全面进口对我国能源安全战略的新要求。

二 低碳发展对转变能源安全观的意义

中国改革开放30多年的经验与教训并存，得到的和失去的都是有目共睹的。总结起来就是：经济总量大幅度提高，能源稀缺凸显，环境污染严重。传统的能源安全更多的是从满足供给的角度出发，重视能源"量"的供给，忽略了"质"的提高，导致环境质量和资源质量、社会发展质量持续降低。中国的能源需求在短短几年内增长了一倍多，污染物和二氧化碳的排放量大幅度上涨，已经严重威胁到了中国经济的可持续发展。

日益严峻的能源和环境问题需要我们重新思考如何实现快速经济增长。基本共识是既要保证一定的经济发展速度，又要实现能源的可持续、高效、清洁供给，进而实现人口、资源、环境的统筹发展。日益突出的能源资源稀缺和环境问题说明，国家能源安全不能仅维持能源供需的数量平衡，中国能源安全在关注数量的同时，必须把重心转向能源的质量问题。低碳发展条件下的能源安全内涵，要求能源结构上实现多元化发展，逐渐改变以煤炭和石油为主的能源结构，提高天然气以及风电、核电等新能源的比重，构建更有利于环境可持续发展的能源供应体系。

从经济可持续发展角度看，能源安全主要表现在资源、环境与社会三个层面。资源层面的安全是指随着对煤和石油等不可再生能源的开采利用，能源耗竭日趋严重，价格不断上涨，现代经济和社会发展对能源的依赖越来越大，使得能源成为发展的主要约束因素；环境层面的安全是指能源尤其是化石燃料的开采利用是导致区域性乃至全球性环境破坏的主要原因；社会层面的安全是指能源是满足现代人的基本需要和发展的基础，能源供应的数量和质量的均衡配置，是反映社会公平和谐的重要因素。

公平发展的要求在国际关系层面也同样突出。同传统的国家能源安全的因素相比，由于二氧化碳与人类社会的生产、生活各个方面息息相关，因此，从碳排放角度来看能源安全的影响，无论是在深度上，还是在广度上都远远大于其他传统因素。特别是限制和减少碳排放是否将会影响国民经济的发展速度，影响我国工业化、城市化进程，成为能源安全内涵扩展的关键问题。减少碳排放成为影响当代国家经济安全的新问题，必须从国家安全战略的高度来考虑，把减少碳排放作为能源安全的重要内容。

第二节　低碳发展条件下能源安全的新问题

一　优化能源结构的市场条件不充分

低碳经济的基本特征就是以低能耗、低污染、低排放为基础的经济发展模式，所以发展低碳经济必然要求转变原有的能源产业结构，这种转变要求有"破"有"立"："破"是打破一煤独大的能源生产和消费格局，优化产业结构；"立"是清洁能源在能源结构中的占比不断提升。

"富煤、少气、缺油"的能源结构,决定了中国发展低碳经济所面临的能源结构的困境。电力中,水电占比只有20%左右,火电占比达77%以上,"高碳"占绝对的统治地位。据计算,每燃烧一吨煤炭会产生4.12吨的二氧化碳气体,比石油和天然气每吨多30%和70%。不同的能源结构在碳排放和环境污染中面临的问题有所不同,相对于以油气为主的能源结构的国家,我国以煤为主的能源结构在碳排放和环境污染方面面临更大的压力。目前中国经济发展和能源产业结构的"高碳"特征非常明显,发展低碳经济面临巨大的挑战。表1-1是不同能源发电的碳排放对比。

表1-1 不同能源发电的碳排放对比

单位:克/千瓦时

能源类型	CO_2排放量	能源类型	CO_2排放量
生物能燃气	409	天然气(蒸汽发电)	148
风能发电	24	石煤(暖气)	622
太阳能发电	27	褐煤(暖气)	729
核能发电	32	石煤发电	949
天然气(暖气)	49	褐煤发电	1153

资料来源:德国Oeko-Institute FR-Infografik,世界风力发电网信息中心。

低碳经济条件下,能源结构转型的主要目标是新能源、清洁能源的利用。中国是世界上举足轻重的新能源应用大国,在太阳能热利用、沼气生产、地热直接利用等方面居世界领先地位,对优化能源结构、改善环境状况、提高农村能源品质等发挥着重要作用。尽管中国在部分能源产业领域已具备相当规模,但跟发达国家相比,在资源评价、技术水平、成本控制、市场机制、政策措施等多个方面仍存在较大差距,新能源发展过程中的许多障碍和瓶颈仍未消除。

(一) 能源结构转换的潜力评估还不充分

促进能源结构转型、减少化石能源的比重,首先要对我国未来可替代能源的潜力进行正确的评估。但是由于新能源品种非常多,发展情况具有较大差别,特别是像风能、太阳能等资源一般都分布在比较偏远的地区,所以要进行新能源潜力的评估是一项非常复杂的工作,需要较高的技术和较大的投入，而且需要一个较长的评估周期。很多新能源在发展过程中都存在这个问题。例如铀矿，由于勘探的地质工作还有很多的盲区，造成我国当前已发现的铀矿资源量无法满足我国核电发展的需要。再例如天然气水合物，随着勘查的重视程度和工作力度的提高，我国在一些区域已经有重大发现，但关于天然气水合物的准确的权威评估还没有最终发布。关于风能的评估，各个机构对中国风能资源的评估差别比较大，即使相对权威的中国气象部门的评估数据，也没有得到最广泛的认可，所以中国风能潜力究竟有多少还是没有定论。相对而言，难度更大的是太阳能资源的评估，当前我国缺少大比例尺的和按区域分布的太阳能资源评估分布图。而生物质能资源的评估当前缺少的是在差异情景下，对边际土地的资源潜力的分析，以及发展生物质能对我国粮食安全的影响状况的分析。同样，对地热资源的评估也是投入还不能满足发展的需要，尤其缺乏对东部城市的低温地热资源情况及其潜力的评估。

（二）能源结构转换的成本比较高

与传统常规能源相比，新能源的技术水平要求更复杂，投入的规模效应比较小，发展基础薄弱，这些都使得新能源的投资成本偏高。高成本、高价格成为能源结构转换的最大的障碍之一。在短期内新能源成本还很难下降，常规能源具备成本优势。目前，单位成本比常规能源稍低或大体相当的只有太阳能热利用、地热直接利用、沼气，其他各类新能源发电成本都比传统能源发电成本要高。假定燃煤发电成本为1，则核能发电成本略高于煤电，生物质发电成本为1.5，风力发电成本为1.7，太阳能光伏发电成本为11~18。燃料乙醇和生物柴油的成本也高于汽油和柴油。[①] 高成本造成市场规模受限，市场规模狭小又不利于降低单位成本，为了促进新能源产业的发展，政府不得不给予扶持，例如，政府投资、优惠政策、税收激励措施等。这些措施同样也需要支付成本。

（三）能源结构转换的市场支持不足

新能源产品由于技术规范、质量标准还不成熟，市场监督体系和市场

---

① 闫强等：《我国新能源发展的障碍与应对：全球现状评述》，《地球学报》2010年5月。

信息服务也不完善，还无法与常规能源产品竞争，反映在消费者最关心的市场价格上，新能源产品没有任何优势，抑制了新能源产品市场的规模。即使基于市场宣传和政府激励，消费者接受了新能源产品较高的价格，但我国新能源产品当前质量不稳定、使用不方便、配套设施不完备的问题同样会把消费者挡在市场大门之外。拿新能源产品中算得上普及率最高、市场开发最成功的太阳能热水器来说，价格与传统的电热水器、燃气热水器相比已经具备了优势，但在使用上由于受外部气候因素影响较大，运行状况不稳定，维护也有一定的难度，地域限制更大，所以还无法成为国内消费者的首选，无法成为市场的主流产品。我国新能源产品还存在生产与开发脱节的问题，例如太阳能光伏发电、中国的多晶硅和关键技术还需要依靠进口满足，但最终生产出的光伏电池的绝大部分又全部出口，一进一出几乎与国内市场关联不大，同时由于两头依赖国际市场，也给行业发展带来隐患。

二　能源结构转换的技术支持还不够

（一）中国缺乏核心低碳技术

作为新兴战略性产业，新能源产业发展的基础就是技术创新，而创新靠的就是人才和投入，投入不足和人才匮乏使得我国新能源发展的技术水平与发达国家还有较大的差距。而拥有先进技术的发达国家却一直严格控制技术的转移和转让，中国往往只能付出相对高昂的成本，或者接受不公平的市场交换条件以市场换技术，既损害了产业的利益，也增加了能源安全的不确定性。我国当前新能源领域的一些关键技术还是依赖于进口。例如，2000 千瓦以上风力发电机组、生物质直燃式发电锅炉、多晶硅炉、新一代技术的核电设备等，技术引进后，又缺乏技术扩散机制，不能对引进的技术进行有效消化、吸收和再创新，这样只能成为发达国家技术的追随者。在中国具备一定技术储备和国际市场竞争能力的新能源科技企业还比较少，规模小、技术落后、工艺粗糙、量不稳定还是大多数新能源企业的顽疾，这些企业仅能满足较为低端的市场需求。同时新能源技术的产业化程度还不够，如何在能源结构转化中真正体现出经济效益和社会效益的统一，也是当前新能源产业发展要解决的问题。

（二）路径依赖阻碍低碳技术创新

路径依赖是指技术演进或制度变迁过程均有类似于物理学中的惯性现象。路径依赖问题是保罗·大卫提出的，他认为经济社会中的一些偶然事件可能导致一种技术战胜另一种技术（即技术演进），但是一旦选择某一技术路线，它会持续到最终，即使另一种技术路线可能比该路线更为有效。美国著名学者布赖恩·阿瑟最早将路径依赖理论纳入技术创新研究中，并系统地阐述了技术演进过程中自我强化的机制。[①] 他指出，新技术的采用往往具有报酬递增和自我强化的机制。这种技术创新的路径依赖的原因是：为技术创新所付出的研发成本往往是比较高的，但技术一旦应用于商业化，产量的逐渐增加会降低产品的单位成本，从而达到规模经济。所以任何技术创新到商业化都有一个过程，而早期投资都面临着一个成本的沉淀过程，为了收回成本并尽可能地利用创新的先发优势获取利润，这是由于学习效应的存在。随着技术的普及和应用，技术的确定性越来越明确，并在这个过程中随着使用该技术的厂商的增加而产生一种协调作用，进一步提高了技术的效率和效益，也提高了该技术生命周期的预期。这样的一种路径发展趋势使技术的投资者难免会回避新技术的产生，新技术的产生也很难在原有技术路线的锁定下获得更多的市场认可，从而无法广泛地推广。

低碳技术创新和其他技术创新一样，面临着这种技术锁定和路径依赖的问题。在技术开发和设施建设的过程中伴随大量成本支出，并在一定时期内形成沉没成本，而后期新技术的运转和推广同样也会产生高额费用。[②] 这使得发展初期的低碳技术与现有的、已经成熟的、以化石能源为基础的技术相比在成本上缺乏竞争力。这种结果就是传统能源企业，如电力企业等，更依赖传统技术的延续，而低碳技术的潜在投资者和市场上潜在的使用者的积极性会相应降低。低碳技术的创新很可能由于这样的机制

---

① 孙丽芝：《低碳技术创新面临的问题与对策探讨》，《机械管理开发》2011 年第 2 期。

② Commission of the European Communities（CEC）Limiting Global Climate Change to 2 Degrees Celsius：The Way Ahead for 2020 and Beyond. Brussels：CEC，2007.

而不被采纳和接受，从而陷入技术"锁定"的状态。

技术锁定的特征清楚地显示出，产业技术和社会制度在同一的社会网络下彼此相互影响和相互作用。技术的进步必须有良好的社会制度保证，只有这样，技术才能最终在社会上得到现实有效的利用，才能真正对经济增长起到促进的作用。低碳技术的创新与其他技术的创新一样需要社会基础设施和其他辅助技术的支撑，并且低碳技术在这些方面可能表现得更为突出，但由于低碳技术的前期投入和保障设施的建设投资大、周期长，原有技术的支撑系统面临巨大的成本转换往往会阻碍低碳技术的创新，即使存在可供选择的符合社会需要的低碳技术，政府、金融机构、供应商和现有的基础设施也会出于市场的考量仍支持和维护现有技术，新的低碳技术无法得到推广和运用。当前基于碳能源的系统实质上已经形成一个技术制度综合体（Tech-no-institutional Complexes，TIC），[①] 其中技术系统和制度体系互不可分、相互连接。所以低碳技术创新必须建立在能源制度创新基础上，才会更有效地促进和激励低碳技术创新。制度建设要先于技术建设，没有严格的知识产权的保护和相关的低碳制度的保障体系，低碳技术创新就缺乏积极的激励。

（三）低碳技术的创新风险阻碍了企业投资积极性

由于上面所论述的"锁定"效应因素，企业率先采用新的低碳技术，势必会增加企业成本，降低其产品的市场竞争力。与此相对应的是现有化石能源技术系统经过人类长期工业化进程的沉淀，已经非常成熟，风险控制因素也已经基本掌握。由于气候环境是典型的公共产品，即具有消费的非竞争性和非排他性，所以即使没有投资低碳技术的人，也会由于其他主体投资了低碳技术，控制了环境的污染，而从中感受到其带来的利益，从这个角度分享了投资成果，这是典型的"搭便车"现象，免费享受低碳技术效益的人越多，真正投资于低碳技术的人就越少，这就是公共经济学中的"公地的悲剧"。这当然就影响了企业投资低碳技术的积极性。

---

① 李丽平：《国际贸易视角下的中国碳排放责任分析》，《环境保护》2008 年第 3 期，第 65～68 页。

首先采用新技术的投资者，由于这种技术知识外溢的效应，不能使自己的投资真正全部转化为自己的报酬，从而增加了投资的风险。而传统化石能源技术的使用者和投资者由于技术发展相对稳定、风险较低，同时即使不符合气候环境发展的要求，也不会为其高碳生产方式造成的负的外部成本买单。一方面，大量的成本支出因外部经济无法转化为利润而需承担风险；另一方面，传统化石能源技术的使用无需为其负的外部效应增加成本。这些必然造成低碳经济成本上的竞争劣势，从而在市场竞争中缺乏竞争力而面临市场的风险，所以传统行业的投资者在已经获得既得利益的前提下，没有进行技术创新的积极性。

（四） 国际低碳技术转让存在双方面的障碍

《京都议定书》规定了清洁发展机制（CDM）这一灵活的机制促进发达国家与发展中国家的低碳技术合作。中国的 CDM 技术转让效果评估结果显示，通过 CDM 项目合作转入中国的先进技术非常有限。[①] 在发达国家向中国转让先进低碳技术的问题上，技术转让方和技术接收方均存在阻碍技术转让的障碍。

技术转让方，即发达国家方面。虽然多次承诺向发展中国家提供资金支持和技术转让，但基于国家战略利益的考虑，发达国家缺乏向发展中国家转让先进低碳技术的政治意愿；掌握先进低碳技术的企业缺乏转让技术的经济动力，它们更希望通过市场机制来进行技术转让，以知识产权为由提出昂贵的价格要求；在发达国家，技术创新会受到非常严格的知识产权法律保护，技术转让要支付高昂的转让费用，而发展中国家往往都很难承受这种高昂的成本，从而无法通过这种技术的转让来获取技术。

技术接收方，即中国自身方面。中国自身技术接受消化能力客观上对中国接受先进低碳技术转让造成较大阻碍。中国目前技术基础设施和技术吸收能力不足，专业人力资本不足，缺乏公共资金负担高额转让成本；在清洁发展机制合作过程中，项目所有企业重视引进项目资金而忽略最重

---

① 潘家华、庄贵阳、马建平：《低碳技术转让面临的挑战与机遇》，《华中科技大学学报》2010年第 4 期，第 85 ~ 90 页。

要的技术引进，而发达国家也更多地注重资金投入而轻视技术应用，导致清洁发展机制的作用不能得到很好的发挥。

三　低碳发展条件下的贸易比较优势问题

（一）国际分工不利地位更加突出

中国的对外贸易结构与温室气体排放增加有着密切的联系。我国对外贸易增长迅速，特别是加入 WTO 后，我国对外贸易更是保持着每年 30% 左右的增长速度。但在全球的贸易分工结构中，中国的贸易产品仍然没有摆脱技术含量低、附加值小、竞争力弱的状况，仍处于国际产业分工的低端。高能耗、高度依赖原料加工的劳动密集型和资源密集型商品在中国出口的商品中仍然占据相当大的比例。作为"世界工厂"，在中国贸易额迅速增长的同时，也意味着中国付出了更多的能源消耗和环境污染的代价，增加了温室气体的排放，在全球减排框架下，成为中国能源安全的不利因素。

英国有关研究机构研究了中国的"碳出口"状况，即中国的出口贸易结构和碳排放之间的关系，得出结论：中国由于进口货物和服务可以避免的二氧化碳排放大约是 3.81 亿吨；从中国出口的货物产生大约 14.9 亿吨二氧化碳的排放，即大约 11.09 亿吨的二氧化碳排放是中国的净出口导致的，占中国当年二氧化碳排放总量 47.32 亿吨的 23%，相当于同期日本的二氧化碳总排放量，是德国、澳大利亚的排放量总和。[1] 而且这种研究只考虑到贸易产品的直接排放，没有考虑间接排放问题。由此可见，中国的对外贸易导致了大量的碳排放，而产生的原因就是我国出口的产品是以高能耗、高污染、高碳的资源型产品为主。

（二）缺乏低碳市场中的竞争优势

当低碳发展成为主流时，国际贸易中因"碳"而生的贸易争端日趋激烈。这些争端主要是限制和制裁高耗能、高排放商品出口而产生的贸易摩擦。而我国出口的机电产品、钢铁产品、化工产品等则成为贸易摩擦的

---

① 史丹、杨彦强：《低碳经济与中国经济的发展》，《教学与研究》2010 年第 7 期。

重灾区。为了维护本国产业的竞争优势，发达国家使用本国的绿色标准来选择出口商，设立层层障碍，提高我国产品出口的成本，我国原有贸易分工各种的低成本优势将受到最大的冲击，从而影响到我国对外贸易的发展，进而影响我国经济的稳定增长和国内的产业发展。

绿色贸易壁垒、碳关税、碳审计与碳信息披露等低碳条件下所采取的或即将采取的贸易保护措施成为今后国际贸易争端的主要内容。例如碳关税，将会给我国带来极大的损失。对中国的产品实施碳关税，将成为发达国家与中国贸易争端的主要焦点。2012 年，欧盟推行的所谓碳排放交易体系（ETS），虽然引发了外部的反对，也在内部引发了分歧，但欧盟这种抢占先机、抢夺绿色贸易话语权的目的已经非常明显。美国、法国、加拿大也以低碳为名，在绿色关税问题上纷纷准备采取行动。《美国清洁能源与安全法案》还提出从 2020 年起对国外进口的高碳产品推行"国际储备配额"购买制度。按照这种发展态势，我国国际贸易所受到的冲击将越来越大，特别是我国传统的贸易优势领域、行业和产品所可能受到的冲击更严重。而新兴能源产业由于起步晚、发展滞后，也不会在这种改变中处于有利位置。例如光伏产业，虽然我国部分企业已经掌握了多晶硅制造技术，但与国外企业相比并不具备成本优势。国外大型多晶硅生产企业凭借其成熟的工艺、先进的技术、丰富的生产经验，产品成本大多能控制在 25～30 美元/千克；而国内企业由于缺乏核心技术，产品平均成本超过 60 美元/千克。再加上目前国际市场上多晶硅产能过剩，中国庞大的市场潜力受到关注，部分发达国家企业通过倾销等不公平贸易手段来抢占市场，从而降低我国产品的市场份额，抢夺我国厂商的市场利益，最终夺取国际贸易市场的控制权。

（三）在全球碳交易市场缺乏控制权

在低碳经济发展过程中，发达国家正在形成比较完善的碳交易市场，它们向发展中国家输出低碳技术和资金，并且申报建设 CDM（清洁发展机制）项目，然后将 CDM 项目产生的碳减排量在联合国清洁发展机制执行理事会上进行核证，再将所获得的核证拿到欧盟、美国的气候交易所内进行转让，由此形成 CDM 二级市场。中国在这种碳交易形式中扮演着卖炭翁的角色，在国际碳交易市场及碳价值链中处于低端位置。在这种贸易中，中国只是通过初级产品的加工赚取一部分加工费，而碳交易的真正利润则被发达国家所垄断。而且从未来发展的角度看，这将会对我国不利的贸易分工和市场地位产生影响，发达国家会进一步施压，在中国初级产品加工出口中设置层层障碍，甚至连碳交易权也受到限制，使得我国作为供应者要看购买者的脸色。

发达国家利用手中的碳交易权，为了更有利于其在全球市场上的碳交易，逐步建立了与碳交易相关的以碳交易货币、直接投资融资、银行贷款、碳指标交易、碳期权、碳期货等一整套金融工具为支撑的碳金融体系。目前碳交易权的交易方式与计价方式使发达国家在碳交易的价格形成中占据有利的位置，享有较高的定价权。当发达国家在金融领域为碳交易制定好交易规则，形成了以其为主的交易方式和金融衍生品之后，中国必然会从碳交易的获利者中被排挤出去，在碳金融中处于被动地位，陷入所谓"货币战争"的泥潭，这将导致我国面临严重的金融风险，危及国家金融安全，乃至上升到整个国家安全的层面。

第三节　低碳发展条件下我国能源安全的应对措施

为了满足当前经济社会可持续发展的要求，同时也为了应对全球气候环境变化的要求，中国必然走上低碳经济道路。低碳经济作为人类社会未来可持续发展的出路，真正能够实现要得益于在产业结构、能源结构及消费结构上的不断调整，更需要国家政策法规方面的支持，同时也离不开能源领域不断的科技创新。在未来的世界竞争中，中国能否继续保持当前的发展态势，能否完成 21 世纪中叶的既定发展目标，将取决于中国应对低碳经济发展所体现出的调整能力。建立适应低碳经济发展的能源结构、低碳技术体系和国家产业结构，培育与低碳经济发展相适应的生活方式和生产方式，制定低碳发展的政策和法律体系，完善推动低碳经济的市场机制，是实现我国经济、社会、人与自然的和谐发展，实现低碳发展的重要举措。

一 提高能源效率

中国的能源消费结构中，非化石能源的比重从 1990 年的 5.1% 上升到 2009 年的 7.8%，年均上升 0.14 个百分点。按照我国的规划，2020 年非化石能源比重要想达到 15%，2005 ~ 2020 年非化石能源的比重每年至少要提高 0.55%。为实现这个目标，"十二五"发展规划中提出，"十二五"期间水电和核电在一次能源消费中的比重提高 1.5 个百分点，其他各种可再生能源的比重提高 1.8 个百分点，从而使得非化石能源消费在一次能源消费中的占比在 2015 年达到 11% 左右。与此同时，天然气在能源消费结构中的比重也将有明显的增加，预计从 2009 年的 3.9% 增加到 2015 年的 8.5%，而煤炭所占的比重将从 2009 年的 70.45% 下降到 2015 年的 63%。[①]

上述发展目标意味着，在 2020 年之前，清洁能源由于发展速度和数量问题，只能是常规能源的补充，在这一阶段，中国开始探索和实践低碳发展的模式。在 2020 年之后，当中国加入后工业化阶段，此时的 GDP 能源需求增长将放慢速度，能源的刚性需求减弱，人民的收入提高，可以支付更多的清洁能源，中国可以进入低碳发展阶段。清洁能源将在 2020 ~ 2030 年得到迅速发展，并逐渐成为主流能源。

IPCC 和 IEA 的研究报告显示，通过提高能源效率来降低成本，将在 2020 年之后的发展中贡献 50% 以上的减排潜力。此外，与提高新能源在能源结构中的占比相比，提高能源效率表现为更低的成本，同时又全面地考虑到了能源政策的连续性和当前的供给安全、稳定，以及经济增长的可持续性。国际能源机构（IEA）的研究报告指出，终端能源效率和终端电力效率到 2050 年可减少 36% 的碳排放。1990 年以来，由于能源效率的改进，国际能源机构 16 个成员国在 2005 年节能超过 16EJ（艾焦），相当于避免 13 亿吨二氧化碳的排放，节约了大约 1800 亿美元的能源成本。如进一步应用已成熟的技术，在全球范围内可以节约 25 亿吨二氧化碳。

从上述研究可以看出，提高能源效率是当前节能减排最为有效的方

---

① 《中国新兴能源规划启动 5 万亿投资》，http://www.chinareviewnews.com。

式。针对中国国情，低碳发展一方面要求减少煤炭等化石能源的比重，另一方面也要求提高能源利用效率，降低单位 GDP 的能源消耗。为了实现能源效率的大幅度提升，必须通过不断采用先进技术，不断加强能源生产和使用的管理，逐步深化能源的市场机制改革等措施。

二　加快能源技术创新

能源技术的创新在应对能源安全上主要有两个作用：一是通过技术进步来提高能源利用效率，减少 GDP 的单位能耗和碳排放，降低能源使用成本；二是采用新技术来完成能源替代，主要是降低化石能源的比重，用低碳能源来替代煤和石油等，从化石能源转向非化石能源（如风能、太阳能、核能等低碳或零碳的能源）。调整传统能源结构，降低单位能耗是低碳经济条件下解决能源安全问题的两个基本途径。要从战略层面上同时重视能效提高技术和低碳技术创新。

我国 2005 年制定的《国家中长期科学和技术发展规划纲要》把能源技术放在优先发展的位置，按照"自主创新、重点跨越、支撑发展、引领未来"的方针，加快推进能源技术的进步，努力为能源的可持续发展提供技术支撑，逐步建立以企业为主体、市场为导向、产学研相结合的技术创新体系。加强低碳能源技术的研发和推广应用，尤其是在低碳基础科学研究、装备制造水平、关键技术创新和前沿技术储备等方面，通过市场机制，引导企业技术进步。

能源技术创新涉及的领域广、范围大。如在发电减排方面，需要发展清洁煤技术；在输配电环节，则需要采用非晶合金变压器和无功补偿技术；在能源生产和供给方面，技术创新的重点在于不断开发新的可持续发展的清洁能源，不断通过技术的升级提高能源的加工转换效率以最大化利用一次能源；在能源输送和配给方面，技术创新的重点则是不断通过技术革新，实现传输、配送过程中的能源损耗和浪费的降低，提高能源的流通效率；在能源需求方面，技术创新的重点则放在降低各类终端使用设备的能源消耗上；等等。同时，还应不断提高对新能源、可再生能源开发利用的政策扶持；继续加强开发利用太阳能、风能、地热能、生物质能等新能源和可再生能源；依靠技术进步不断降低新能源的利用成本，切实解决新能源发电上网等现实性的难题；研发先进的低碳技术和低碳技术设备，努力实现第四代核能技术利用和产业化；充分利用可再生能源、清洁能源，逐步提高其在一次能源中的比例，作为未来传统能源的替代和补充，在控制碳排放、保障能源安全方面发挥重要作用。[①]

在低碳经济的发展中，为应对气候变化和能源安全所推动的低碳技术和相关低碳产业的发展，将成为未来企业发展的大方向，企业必须提前认识这一趋势，准确判断这场全球性的重大变革。"碳排放"的交易与相关交易市场的形成，将成为企业未来竞争的重要的国际战略资源。为了在这场未来的竞争中夺得优势，我国政府和企业要积极面对，对低碳技术进行战略性投资；争取率先实现低碳技术的规模化，夺取市场先机，树立企业的社会形象；企业要及时准确地理解和跟踪国际低碳技术和相关制度的发展变化，大力发展低碳技术，尽早实现企业的技术升级；合理利用技术转让机制，加快实现跨越式技术发展。

从发达国家促进和激励低碳技术的研发和利用的情况看，当前一个比较有效的办法是设立碳基金。从碳基金的构成来看主要是政府基金和民间基金，即依靠政府出资形成的基金与主要依靠社会捐赠和社会其他领域的投资筹集形成的资金。这种碳基金的形式在我国也初见雏形，例如我国建立的具有政府基金性质的清洁发展机制基金和具有民间基金性质的中国绿色碳基金，这些在一定领域、一定程度上满足了应对气候变化的资金需求。我们从这两个基金当前的运作形式来看，该资金主要是用于资助相关碳汇项目，并没有把基金真正用于低碳技术研发和利用上。我国碳基金的应用要拓宽领域，在碳汇交易之外，还要真正发挥节能减排的作用，并从中寻求低碳技术的商业机会，从而帮助我国实现低碳经济社会。碳基金的资金用于投资方面主要有三个目标，一是促进低碳技术的研究与开发，二是加快技术商业化，三是投资孵化器。我国碳基金模式应以政府投资为主，多渠道筹集资金，按企业模式运作。碳基金公司通过多种方式寻找低

---

① 史丹、杨彦强：《低碳经济与中国经济的发展》，《教学与研究》2010 年第 7 期。

碳技术，评估其减排潜力和技术成熟度，鼓励技术创新，开拓和培育低碳技术市场，以促进长期减排。

三　完善能源政策

走低碳发展道路，在依靠技术创新的同时，必须进行制度创新。制定有利于低碳发展的相关政策法规，建立激励低碳发展的长效机制，这是实现低碳发展的关键因素。近年来我国提出了科学发展观与建设资源节约型、环境友好型社会以及建设美丽中国等重大的发展战略思想，不断推出一系列激励节能减排的政策和措施，取得了一定效果。但这些政策措施还不能满足低碳发展所要求的制度创新的要求，需要进一步在以下方面加强。

第一，制度法规建设。要通过经济、政策和法律手段吸引和鼓励各个经济主体参与开发利用可再生能源，促进低碳经济发展的投资项目；加快低碳立法，依法推进低碳发展。在《节约能源法》《清洁生产促进法》《可再生能源法》《循环经济促进法》《气候变化国家评估报告》的基础上，应尽快出台和修订《能源法》《环境保护法》《煤炭法》《电力法》等，以法律形式保障低碳经济的有效推行。

第二，市场机制建设。要积极完善可再生能源的市场机制建设，培育持续稳定增长的可再生能源的市场需求，改善可再生能源发展的市场环境和市场制度创新。

第三，价格体系建设。加快推进我国的能源价格体系改革，建设有利于推进能源结构合理调整、提高能源利用效率和可再生能源可持续发展的价格体系。

第四，财政与税收支持。要通过政府投资、财政补贴、税收优惠、政府采购、信贷担保等财政货币手段，推动低碳投入力度，加大财税支持力度。必须从节能减排的视角对财政政策进行合理规划，积极尝试探索"碳预算"，根据"碳预算"的排放目标来安排相关财政预算，并积极探讨"碳税"等与低碳经济相关的财政金融等新措施。

四　加强低碳技术与产业的国际合作

中国经济的发展已经伴随着经济全球化的进程不断融入世界经济的

整体之中。任何领域的发展都要与世界经济的发展相互交融，能源经济发展同样是如此，中国在低碳经济发展中不可能通过自己的力量保障能源安全。作为一个发展中国家，中国在能源技术、管理体制和市场机制等方面都需要不断地学习和借鉴发达国家的经验，减少与发达国家之间的低碳技术方面的差距。我国应以积极的态度，进行低碳技术方面的国际合作，通过共同研发、正确合理转让等方式提高我国的科技水平和创新能力，促进低碳发展。

在低碳发展条件下，起到决定性作用的是清洁能源技术和高效能源技术，谁在这两个领域取得新的突破，谁就能够最终抢占未来的市场，在国际低碳市场竞争中取得优势。中国的企业要积极参与全球低碳技术合作，建立低碳领域的技术创新机制。

主要参考文献

［1］国务院发展研究中心产业经济研究部：《能源管理体制机制若干重大问题研究》，2010。

［2］薛进军主编《中国低碳经济发展报告》，社会科学文献出版社，2012。

［3］"中国国土资源安全状况分析报告"课题组：《我国能源问题的核心——石油安全》，《中国国土资源报》2005 年 11 月 21 日。

［4］陈文颖、高鹏飞、何建坤：《未来二氧化碳减排对中国经济的影响》，《清华大学学报》（自然科学版）2004 年第 6 期。

［5］崔民选：《中国能源发展报告》，社会科学文献出版社，2008、2009、2010、2011。

［6］崔新健：《中国石油安全的战略抉择分析》，《财经研究》2004 年第 5 期。

［7］戴彦德：《中国低碳能源发展道路选择》，载薛进军主编《中国低碳经济发展报告（2011）》，社会科学文献出版社，2011。

［8］范玉婷：《低碳经济与我国发展模式的转型》，《上海经济研究》2010 年第 2 期。

［9］勾红洋：《低碳阴谋——中国与欧美的生死之战》，山西经济出版社，2010。

［10］管清友：《企业如何迎接低碳时代》，《中国石油企业》2010 年第 10 期。

［11］黄栋：《低碳技术创新与政策支持》，《中国科技论坛》2010 年第 2 期。

［12］姜克隽、胡秀莲、庄幸、刘强：《中国 2050 年低碳情景和低碳发展之路》，《中外能源》2009 年第 6 期。

［13］林伯强、蒋竺均、何晓萍：《中国城市化进程中的能源需求和消费结构预测》，厦门大学能源经济研究中心工作论文，2009。

[14] 柳下再会：《以碳之名：低碳骗局幕后的全球博弈》，中国发展出版社，2010。

[15] 能源所课题组：《"十一五"应对气候变化相关政策措施评价》，2011。

[16] 潘家华、庄贵阳、马建平：《低碳技术转让面临的挑战与机遇》，《华中科技大学学报》2010 年第 4 期，第 85～90 页。

[17] 彭近新：《全球低碳经济发展状况和趋势》，社会科学文献出版社，2011。

[18] 芮雪琴、牛冲槐：《能源产业技术安全及其影响因素分析》，《工业技术经济》2008 年第 4 期。

[19] 芮雪琴：《能源产业技术安全及其影响因素分析》，《工业经济》2008 年第 4 期。

[20] 史丹、吴利学、傅晓霞、吴滨：《中国能源效率地区差异及其成因研究——基于随机前沿生产函数的方差分解》，《管理世界》2008 年第 2 期。

[21] 史丹、杨彦强：《低碳经济与中国经济发展》，《教学与研究》2010 年第 7 期。

[22] 史丹：《结构变动是影响我国能源消费的主要因素》，《中国工业经济》1999 年第 11 期。

[23] 史丹：《我国经济增长过程中能源利用效率的改进》，《经济研究》2002 年第 9 期。

[24] 史丹等：《中国能源利用效率问题研究》，国家自然科学基金项目、社会科学院重大项目。

[25] 宋捷：《论能源消费与我国能源安全的关系》，南京航空航天大学硕士学位毕业论文，2007。

[26] 宋杰鲲、张在旭、李继尊：《我国能源安全状况分析》，《工业技术经济》2008 年第 4 期。

[27] 王发明：《基于技术进步的新能源产业政策研究》，《科技与经济》2010 年第 1 期。

[28] 吴巧生、成金华：《能源约束和中国工业化发展研究》，科学出版社，2009。

[29] 薛进军：《中国从高碳经济向低碳经济转型》，载薛进军主编《中国低碳经济发展报告（2011）》，社会科学文献出版社，2011。

[30] 闫强等：《我国新能源发展的障碍与应对：全球现状评述》，《地球学报》2010 年第 5 期。

[31] 张坤民等：《低碳发展论》，中国环境科学出版社，2009。

[32] 张雷等：《中国结构节能减排的潜力分析》，《中国软科学》2011 年第 2 期。

[33] 张磊、郑丕愕：《我国能源安全面临的问题及应对策略》，《价格理论与实践》2006 年第 1 期。

[34] 张莎莎等：《低碳经济技术锁定突破研究》，《技术经济与管理研究》2011 年第 10 期。

[35] 薛进军主编《中国低碳经济发展报告（2012）》，社会科学文献出版社，2012。

第二章　能源安全状况评价与比较

第一节　能源安全内涵、指标与评价方法

能源安全的概念被大范围提及始于 20 世纪 70 年代。石油危机给全世界造成了广泛的影响和冲击，石油进口依赖程度高的国家开始反思石油依赖给国家安全带来的风险。因此，最初关于能源安全的讨论是以石油为中心展开的，主要讨论的是石油供给中断和油价波动给经济和社会发展以及国家安全带来的负面影响。随着世界政治经济形势和能源格局变化以及能源技术的发展，对能源安全的理解也在不断地变化，能源安全的内涵向多个层面进行了延伸。这使得能源安全不仅包括对安全状态的考虑，而且还包括了对风险来源和应对能力的分析。

本章在探讨能源安全时，主要研究国家能源安全的"状态－冲击－响应"的情况，即对一国能源安全所处状态、风险发生的可能性和影响以及应对能力进行研究。通过这样的研究，揭示一个国家在处理能源安全这一过程中的优势和薄弱环节，以及与其他国家比较的相对状况。

一　能源安全的分析框架

在本节中我们先对研究中使用的能源安全概念进行说明，即分别说明能源安全概念的内涵，对能源安全进行分析时使用的框架，刻画框架中每个因素所使用的指标。在此基础上，说明运用分析框架进行能源安全评价

分析的方法。

如上文所述，最初大范围地关注能源安全问题源于20世纪70年代的石油危机，能源安全的核心问题是保障石油供给的充足和持续，这种考虑更多的是强调能源对国家经济和军事的保障作用。而发展至今的能源安全内涵早已不仅限于此，它变得更全面，包含了能源供应对经济社会可持续发展的影响；同时在环节上也更完善，不仅注意到供给保障的安全问题，还强调消费的清洁性。由此，能源安全的内涵较之过去有了范围上的拓展：一国的能源安全既要保障能源供应的持续可得性、价格上的可承受性，也要促进能源供应、使用的清洁性。因此，本研究将能源安全的内涵界定为三个方面：①可获得性，即不中断地获得可靠的能源；②可承受性，即以稳定、合理的价格获取能源；③清洁性与可持续性，即减少供给和消费能源对环境造成的不利影响，保证经济社会的可持续发展。

结合这三个方面的内涵特征，依据前面"状态－冲击－响应"的分析框架，本节将考察不同国家在能源安全状态、风险冲击和应对能力过程中的各环节特点，并将能源安全度量指标划分为三个维度——能源安全的数量、价格、品质（见图2－1）。

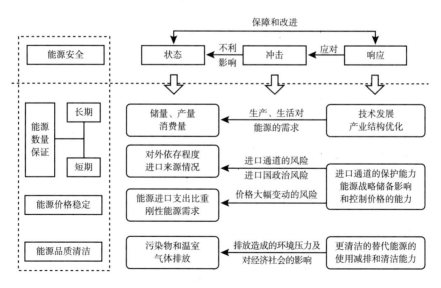

图2－1 能源安全的分析框架

能源安全在数量、价格、品质这三个维度上呈现出的特点是各不相同的，也分别受到不同因素的影响。

（一）能源供应量的保证

1. 长期[①]影响因素

安全状态：对于数量保障来说，从一个较长的时期看，一国的能源资源的拥有情况、生产和消费的情况，是影响国家能源安全的重要因素。能源储量的多寡是一个国家的禀赋，可以视为能源安全的基本状态，在不考虑进出口和储备的情况下，产量和消费量表明了能源资源禀赋的消耗速度，储产比可以说明按现有情况一国的能源资源储量可维持多少年的消耗。

风险来源：能源消费是持续不断的，并且由于经济发展和生活水平的提高，长期存在着增长的趋势。这给长期能源供给带来压力，促使能源消费大国乃至全世界寻求解决的途径。

应对能力：在应对长期的供应风险方面，技术发展是重要的途径，尽管节约的观念也非常重要。技术发展对于长期能源供应保障来说有着重要的意义，它主要体现为能源资源勘探开发技术的提高、能源利用效率的改进以及新能源技术的发展等。另外，从长期来看，产业结构的调整、高耗能产业比重下降、低耗能产业比重上升也有助于缓解长期的能源压力。

2. 短期影响因素

安全状态和风险来源：对于短期来说，不考虑突发灾害等极端事件，能源供给的风险主要是由国际上的不确定因素导致的供应中断。在这样的情况下，能源安全状态取决于进口能源所占的比重、能源进口来源分布、进口来源国的政治经济稳定性以及运输通道的安全性等因素。其中，进口国的政治风险（可能是进口来源国的政治变故、战争或者是国家间关系

---

① 长期和短期是相对的概念，对于能源安全的讨论来说，能源资源耗竭和突发风险的冲击是具有较大差别的两个范畴，所以我们在讨论数量保证时将其分开。就长期而言，突发的自然、政治、经济事件带来的冲击不起主要作用，固有的禀赋、生产需求的变动趋势起主要作用；短期则与之相反。通常长期的期限是数年或者数十年，短期则以数周或者数月来衡量。在价格稳定和品质清洁的内涵中不进行这样的区分，这是因为价格稳定一般就短期而言，品质清洁是在特定历史时期出现的，但又是一个需要较长时期实现的目标。

的恶化）和运输通道的风险是最不可控的。

应对能力：能源进口国的应对能力包括对运输通道的保障和控制能力，与进口来源国的关系及国际事务的处理能力；另外，一国自身应对供应中断的应急储备水平也很关键，有时候，能在短时间内提升的能源生产能力也是很重要的措施。

（二）价格风险

风险来源：价格的大幅度波动会带来价格风险。[①] 价格风险往往和供应风险密不可分，因为供应中断往往并不是全面的、绝对的中断，而是供需紧张导致的价格上涨。此外，价格也受一些其他因素影响，如金融炒作、汇率变动等也是价格上涨的原因。之所以把价格与数量分开，就是因为价格风险的表现和影响因素有着一些与供应风险不同的特征。

安全状态：对于能源进口国来说，能源价格基本稳定是其所追求的目标之一。对于能源进口国来说，由于能源需求在短期内具有一定的刚性，价格的上涨通常会增加进口支出，导致国内价格上涨，加重一国经济运行的成本负担，所以能源进口支出比重可以反映出价格稳定状态的基本特征。此外，不同国家的能源需求弹性是不同的，即在价格变动下能进行调整的程度是不同的，通常来说，能源消费弹性小的国家更易受价格冲击的影响。

应对能力：价格风险的应对可分为两个层面：一个是对国际能源价格的影响和控制能力；另一个是面对价格变动，短期内释放战略储备、平抑价格的能力。

（三）能源的清洁性

安全状态：能源的清洁利用是在低碳发展条件下考虑能源安全问题时至关重要的一项内容。理想的能源清洁使用的目标是在能源生产消费的全生命周期中实现零排放，达到这个目标需要较长的时期。

风险来源：能源清洁的风险来自能源开采和使用过程中对环境造成的危害，其中主要是污染物和温室气体的排放。这与不同国家的能源结构

---

① 对于能源进口国来说，价格向上波动会带来较大的冲击，而对于能源出口国来说，价格向下波动会带来较大的冲击。这里主要考虑能源进口国的能源安全问题，所以认为价格的急剧上涨会对能源安全造成较大影响。

差异、排污的管理、环境的治理等有很大关系。

应对能力：保证能源品质清洁、应对排放污染的能力主要也来源于技术水平的进步，在这里体现为清洁的替代性能源的发展以及排放治理水平的提高。

以上虽然对能源安全从不同方面进行了划分，但上述目标之间实则是互有联系的整体。追求能源安全的目标是各个方面的综合权衡过程，这些方面是相互影响的，在一定条件下是相互转化的，如数量和价格在动态中互为因果关系，清洁与成本之间的取舍衡量等。因此，对能源安全的分解剖析并不意味着割裂概念的整体联系，只是为了通过分析更好地把握能源安全的整体状态。

二 指标选取的原则与核心指标的确定

（一）指标选取的原则

为了使对能源安全的评价体现出整体把握和机理解析的特点，在指标设计和选取时将遵循以下原则。

1. 系统性和全面性

能源安全评价指标体系中所选的指标要能够反映出能源安全各个维度的情况，这要求指标是系统全面的。能源安全是一个复杂的系统，各个维度之间存在着复杂的联系。因此进行评价指标选取时要兼顾多方面的信息，将能源安全各方面特性准确地描述出来，从整体和各个环节反映出国家能源安全状况和各个因素的内在影响机制。

2. 简明性和代表性

虽然对于评价来说，指标需要全面，但是评价指标的数量并不是越多越好，关键在于指标在评价过程中的代表作用。能源安全指标的选取要能够反映出能源安全的概念框架，尽可能地选择具有明确意义、最能表现某方面特性的指标，这样才能够保证指标选取的科学性。

3. 客观性和可定量

评价指标体系要具有客观可信的性质，每个指标都要切实地反映出评价对象的特性与本质。对于能源安全的评价要在研究现实情况的基础上合理设定指标，选取的指标要能够转化成为可评价、可比较的结果，这要求设定的指标是客观的，整个体系是易于操作的。同时，还要兼顾到信息的可获得性等制约因素。

（二）核心指标的确定

确定指标的依据是设定的分析框架，所采用的指标要能够表征能源安全某一方面的状态特征。根据上述指标选择原则，分析能源安全状况的具体指标如表 2 - 1 所示。①

表 2 - 1　能源安全评价的核心指标

内涵要求 分析维度		（1）能源安全状态	（2）风险应对能力
能源数量保证	A. 长期	消费量、储产比	能源效率
	B. 短期	能源对外依存度、能源进口集中度	
C. 能源价格稳定		能源进口额/GDP、道路交通能源消耗/总能源消耗	能源战略储备
D. 能源品质清洁		能源消费碳排放	清洁能源比例

根据能源安全的内涵要求，选取的指标分为：反映能源数量供给的长期指标、短期指标，反映价格波动影响程度的指标，以及反映能源品质清洁性的指标。

1. 能源供给的数量保证

（A11）消费量：指的是一国总的能源消费量。能源消费量大的国家，相对于能源消费量小的国家更易发生能源安全的问题。② 如果在一段较长时期中，全球能源格局的变化带来负面影响的话，在其他情况相同的条件下，能源消费量大的国家会受到较大的冲击。

（A12）储产比：指的是一国某种能源的探明储量与当年产量之比。

---

① 本章的研究目的是在对多国的比较中评述各国的能源安全情况，特别是中国的情况，所以在指标的选择上着重考虑了横向可比性和数据可得性。另外，风险冲击环节不仅仅受经济因素影响，还受到政治、国际关系等因素影响，不易用少数量化指标表现，因此本文不对风险冲击进行量化评价。

② 由于该指标用于横向对比，所以一国能源消费量与一国能源消费占世界能源消费比重是正相关的；在系统的变化中，占比大的部分受到的影响也较大。

该指标表示按照现有的生产规模某种能源可供开采的年限，反映了一国能源自给能力的强弱。能源储产比高的国家，长期的能源安全状况要好于储产比低的国家。

（A21）能源效率：这里的能源效率指的是经济能源效率，是一国当年能源消耗量与国内生产总值之比，即单位 GDP 使用的能源量。该数值低的国家能源效率较高，应对长期能源安全问题的能力较强。

（B11）能源对外依存度：研究中考虑到数据可得性使用的是石油对外依存度，指的是一个国家石油净进口量占本国石油消费量的比重，体现了一国石油消费对国外石油的依赖程度。对外依存度低的国家，能源安全状况较好，发生能源进口中断风险时受到的影响较小。当今世界能源安全风险的核心仍是石油进口中断的风险，所以该指标具有很强的代表性。

（B12）能源进口集中度：指的是一国能源进口来源中，前 n 位进口来源国家所占的比重，反映的是一国能源进口的集中和分散程度。进口集中度低的国家，能源安全程度较高，这是因为一般来说，进口来源分散会给能源进口国带来一定的风险。在具体使用上，使用能源进出口贸易的价值数据来计算，用 CRn 表示前 n 位进口来源国所占比重，这里使用 CR5。

（B21）能源战略储备：由于石油储备主要用于防范风险的战略性储备，煤炭和天然气储备主要是生产性的，所以这里使用的是石油储备，指的是一国的石油储备量可供国内消费的天数。该指标值大，反映一国面对供应中断风险时，可维持的时间长，应对能力强，能源安全状况好。

2. 能源价格波动影响

（C11）能源进口额/GDP：该指标用来反映价格波动影响程度，能源进口额是一国能源进口花费的绝对量，GDP 用来表示在一国经济发展中对全部要素的支出，二者之比反映的是一国能源支出比重。该指标值大，说明经济中大部分的支出用于能源，价格的波动可能会对经济社会产生较大影响，能源安全状态较差。

（C12）道路交通能源消耗/总能源消耗：该指标用来反映价格波动影响程度。因为道路交通的能源消耗在一定程度上可以看作一国对能源的刚性需求；还因为道路交通能源消耗是以液体燃料为主，目前难以寻求适合的替代物，而在以石油价格波动为主的价格风险中，这一部门对价格稳定的影响尤为重要。也就是说，虽然在长期内，可以通过技术进步、能效提高来实现交通节能，但在短期内，道路交通能源消耗是难以改变的。

（C21）能源战略储备：该指标与指标 B21 相同。一国面对短期风险时，无论是数量短缺还是价格上涨，调用储备平抑风险是最直接有效的手段。

3. 能源品质清洁

（D11）能源消费碳排放：指的是一国化石能源消费产生的二氧化碳排放与该国面积之比，用来反映一国能源消费对环境造成的压力。由于能源消费和气候政策联系紧密，能源消费产生的碳排放与其他污染物有很强的正相关性，所以这里选用碳排放来作为能源品质的核心指标。该指标值越大，说明能源品质清洁的状态越差。

（D21）清洁能源比例：指的是一国非化石能源消费占总能源消费的比例，反映一国清洁能源使用的情况。较高的清洁能源比例意味着具有较强的减排和清洁能力。

三 国家选取和资料来源

（一）国家选取

本节在能源安全对比国家的选取上，主要考虑能源进口大国。能源进口量大的国家，对世界能源格局有着重要影响，也都面临着不同程度的能源安全问题，对这些国家进行比较研究可以清楚地看出各国的能源安全特征，以及我国相比世界主要能源进口国的优势和弱势环节。

根据能源进口量情况，同时兼顾各大洲的分布情况，并要尽可能地体现发达国家和新兴市场的情况，本节选取 10 个国家进行国际比较，分别是北美洲的美国，南美洲的巴西，亚洲的中国、日本、韩国、印度，欧洲的德国、法国、英国、意大利。

（二）资料来源

在评价中用到的数据主要来自英国石油公司（BP）、国际能源机构（IEA）、石油输出国组织（OPEC）、世界银行、联合国的数据库和统计资料。具体图表中对资料来源进行了标注，部分取自网站的统计数据均取得于 2012 年 8 月。

四 评价方法

在能源安全整体评价时，我们将指标数值映射到分数区间，合成总体评分进行比较。在进行数量保证、价格稳定、品质清洁等特定维度的评价时，我们根据打分按照具体方面进行国家间的优劣对比。

打分方法：采取 10 分制，最高为 10 分，最低为 1 分。每个指标中能源安全程度最高的国家得分为 10 分，最低的得分为 1 分，中间国家按比例映射到 1~10 分。[①]共有 10 个指标，总分满分为 100 分，根据总分排定各个国家的总体能源安全排名。[②] 表 2－2 是能源安全评价体系。

表 2－2 能源安全评价体系（能源安全目标下的各级目标）

二级目标	三级目标	评价指标		指标属性（*）	分制（满分）
A. 能源数量保证（长期）	A1. 能源安全状态	A11	消费量	－	10
		A12	储产比	＋	10
	A2. 风险应对能力	A21	单位 GDP 能耗	－	10
B. 能源数量保证（短期）	B1. 能源安全状态	B11	石油对外依存度	－	10
		B12	能源进口集中度	－	10
	B2. 风险应对能力	B21	石油储备	＋	10
C. 能源价格稳定	C1. 能源安全状态	C11	能源进口额/GDP	－	10
		C12	道路交通能源消耗/总能源消耗	－	10
	C2. 风险应对能力	C21	石油储备（**）	＋	/
D. 能源品质清洁	D1. 能源安全状态	D11	能源消费碳排放	－	10
	D2. 风险应对能力	D21	清洁能源比例	＋	10
总 分					100

注：*："＋"表示指标值大对应能源安全程度高，"－"表示指标值大对应能源安全程度低。

**：C21 同 B21，分数不重复计入总分。

---

① 储产比的评分采用的是对石油、天然气、煤炭三个能源品种分别评分之后的加权平均分数，权重根据具体国家三种化石燃料消费的比重确定，表示不同种燃料对一个国家重要性的不同。能源进口集中度评分时采用的是能源进口集中度的 CR5 指标。

② 在总体评价中，各个指标的相对重要性被认为是相同的，这样便于得到可比较的结论。

第二节　能源安全指标的国际比较

研究能源安全国际比较时分两个方面。一方面，对各国各项指标的分项比较；另一方面，对数量、价格、品质三个维度进行比较，以及对评分加总进行综合评价。

本节先处理前一个问题，即依据评价指标具体分析各国的能源安全情况。分析以能源安全核心指标为主要依据，并提供与核心指标相关的数据作为参考，目的是对所列国家的能源安全状况加以详细说明。本节并不将指标数值转化为分值，具体的评分和综合评价留在下一节中处理。

一　各国能源供给数量指标的排序

（一）长期的能源安全状态和风险应对能力

1. 化石能源的储量、产量、消费量

（1）石油。

在10个国家中，石油消费量最高的是美国，2011年石油消费达到8.3亿吨；其次是中国，2011年石油消费量达到4.6亿吨；日本、韩国、印度、德国、巴西的石油消费量处在1亿~2亿吨水平，而法国、英国、意大利的石油消费量在1亿吨以下（见图2-2）。

从产量来看，美国2011年石油产量达到3.5亿吨，中国产量是2亿吨，巴西产量是1.1亿吨。在10个国家中，这3个国家的石油产量居于前列，其他国家产量较少（见图2-2）。

从已探明石油储量来看，在10个国家中，美国、巴西、中国的石油储量较为丰富，均在20亿吨以上，印度、英国、意大利也有一定的石油储量，其他国家则几乎没有石油储量（见图2-3）。

除去石油储量稀少的几个国家，石油储产比的情况是：意大利、印度、巴西较高，中国、美国、英国相对较低。中国按当年生产规模来看，探明石油储量能够维持生产10年左右（见图2-3）。

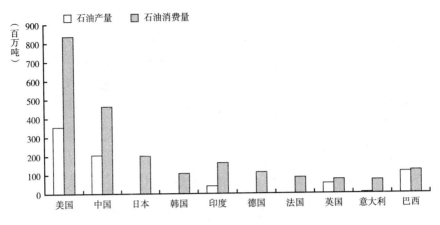

图2-2　2011年各国石油产量与消费量

资料来源：《BP世界能源统计年鉴2012》。

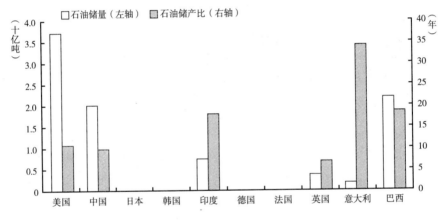

图2-3　2011年各国石油储量与储产比

资料来源：《BP世界能源统计年鉴2012》。

（2）天然气。

在10个国家中，美国是天然气生产和消费大国，2011年天然气产量和消费量均在6亿吨油当量水平，无论是产量还是消费量，都明显高于其余9个国家。在其余9个国家中，天然气消费量较多的是中国和日本，均在1亿吨油当量左右。产量较多的是中国，随后是印度和英国（见图2-4）。

从天然气储量来看，美国已探明储量最多，为8.5万亿立方米；其次是中国，为3万亿立方米；排在第三位的是印度，探明储量为1.2万亿立

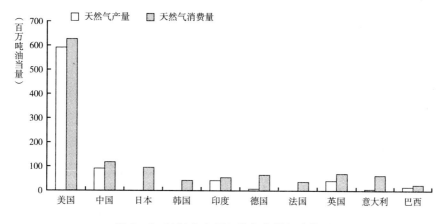

图 2 - 4　2011 年各国天然气产量与消费量

资料来源:《BP 世界能源统计年鉴 2012》。

方米;巴西、英国、意大利等也均有一定规模的储量。从储产比来看,按当前情况,中国、印度、巴西的天然气储产比均在 25 ~ 30 年区间,美国、意大利为 10 ~ 15 年,其余国家较少(见图 2 - 5)。

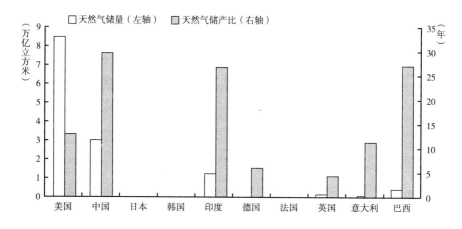

图 2 - 5　2011 年各国天然气储量与储产比

资料来源:《BP 世界能源统计年鉴 2012》。

(3)煤炭。

在 10 个国家中,中国是煤炭生产和消费的大国,2011 年的产量和消费量均达到接近 20 亿吨油当量的水平;其次是美国,产量和消费量均在

5 亿吨油当量左右；印度和德国也有一定的煤炭生产量和消费量，日本和韩国的煤炭消费量较多，但并没有多少煤炭生产量（见图 2 - 6）。

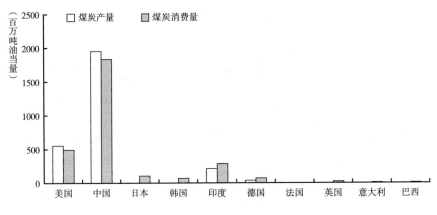

图 2 - 6　2011 年各国煤炭产量与消费量

资料来源：《BP 世界能源统计年鉴 2012》。

从煤炭探明储量来看，10 个国家中，美国的储量最为丰富，达 2373 亿吨；中国次之，达 1145 亿吨；印度和德国也有一定的煤炭探明储量。而从储产比来看，最高的是巴西，按现在的水平可以开采 500 年以上；日本也较高，这主要是因为这两个国家没有多少煤炭产量；美国和德国的煤炭储产比达到 200 年以上；中国按目前状况来看，煤炭储产比是 32 年（见图 2 -7）。

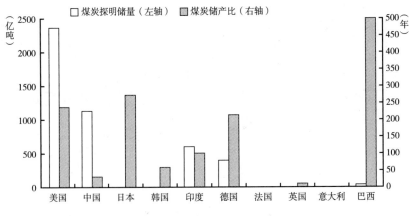

图 2 - 7　2011 年各国煤炭储量与储产比

资料来源：《BP 世界能源统计年鉴 2012》。

2. 能源效率

在 10 个国家中，能源效率较好的是日本、德国、法国、英国、意大利等国家，1000 美元 GDP 的能源消耗低于 100 千克油当量。其次是巴西、美国、韩国。中国和印度的能源效率较低，1000 美元 GDP 的能源消耗高于 100 千克油当量（见图 2-8）。

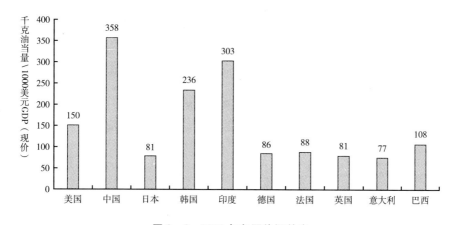

图 2-8　2011 年各国能源效率

资料来源：作者根据《BP 世界能源统计年鉴 2012》计算。

（二）短期的能源安全状态和风险应对能力

1. 石油对外依存度与能源进口集中度

在对比的 10 个国家中，从绝对量上看，美国的石油进口居首位，远高于其他各国，每天进口量超过 1000 万桶；中国其次，每天进口 600 万桶；随后的是日本、印度、韩国、德国、法国；意大利、英国、巴西的进口量较小（见图 2-9）。

在所研究的 10 个国家中，2011 年石油对外依存度高的是日本、韩国、德国、法国、意大利等国家，都达到了 90% 左右或以上；居中的是中国、印度和美国；较低的是英国和巴西。其中，美国由于页岩气革命，石油进口和消费下降，对外依存度随之降低。而中国的对外依存度持续升高（见图 2-10）。

而从能源进口集中度来看，根据所选国家能源进口额计算前 10 位和前 5 位进口来源国所占比重。集中度高的是日本、英国，CR10 达到

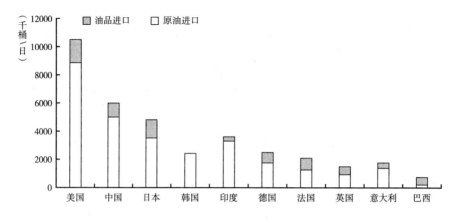

图 2 - 9　2011 年各国石油进口情况

资料来源：作者根据 OPEC，*Annual Statistical Bulletin 2012*，整理计算。

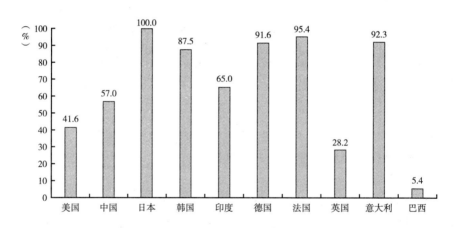

图 2 - 10　2011 年各国石油对外依存度

资料来源：作者根据 OPEC，*Annual Statistical Bulletin 2012*，整理计算，缺少数据根据 UN Comtrade 数据修正。

80% 以上，同时 CR5 达到了 60% 以上。集中度较低的是德国、中国和法国，CR10 处于 70% 以下，同时 CR5 处于 50% 以下（见图 2 - 11）。

以上是从石油、天然气、煤炭、电力的总体贸易情况来看的，如果单从石油的进口集中度看，10 个国家排名与能源进口集中度的结果相似。较高的是日本、韩国、德国、英国，较低的是中国、法国（见图 2 -

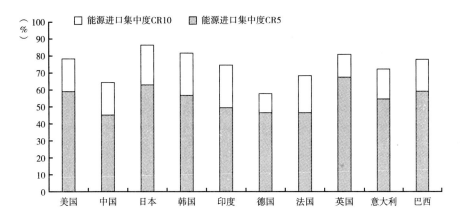

图 2 - 11　2011 年各国能源进口集中度

资料来源：作者根据 UN Comtrade 数据整理计算。

12）。这在很大程度上是由石油贸易在能源贸易中占比很高所造成的。同时，还应注意到，整体上看，石油进口集中度普遍高于能源进口集中度，说明在能源进口中，不同种类（石油、天然气、煤炭、电力）能源的进口来源是呈现差异性的。

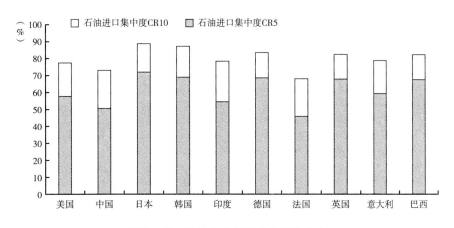

图 2 - 12　2011 年各国石油进口集中度

资料来源：作者根据 UN Comtrade 数据整理计算。

如果在能源集中度的基础上更进一步来说，进口来源国的类型也影响着一国的能源安全，有的国家的能源进口主要依靠邻近的关系密切的资源型国家，有的国家的能源进口来源则在地理空间上相隔较远，且更多地依靠容易发生动荡的中东地区。这对国家能源安全的意义是不同的。在此仅通过对所选10国能源进口前5位的来源国进行简要分析，来说明这一点（见表2-3）。

美国能源进口主要来自加拿大，占到22.6%；同样位于美洲的墨西哥和委内瑞拉也占有较大的比重；中东地区的沙特阿拉伯和非洲的尼日利亚也是美国能源进口的主要来源国。

中国的能源进口集中度较低，能源进口来源居首位的是沙特阿拉伯，同时也从安哥拉、伊朗、俄罗斯、阿曼进口能源。进口来源分布也相对广泛。

日本的能源进口集中程度高。能源进口来源主要是沙特阿拉伯、阿联酋、卡塔尔等中东地区国家，仅上述三国的能源进口已经达到44.4%，其他主要能源进口来源国还包括澳大利亚、印度尼西亚。

韩国的情况与日本相似。主要能源进口来源地也是中东地区，包括沙特阿拉伯、卡塔尔、科威特、阿联酋等国。印度尼西亚也是韩国的主要能源进口来源国。

印度的能源进口集中程度并不算高。能源进口来源依靠中东地区和尼日利亚，在中东地区的能源进口中，额度较大的依次是沙特阿拉伯、伊朗、阿联酋、科威特。

德国的能源进口集中度较低。俄罗斯是其主要进口来源，从欧洲国家荷兰、英国、挪威都有一定比例的进口，中亚地区的哈萨克斯坦也是德国的主要进口来源国。但除去前三位的国家外，其他国家占比就少了很多。法国的能源进口集中度同样较低，进口主要来自俄罗斯和比利时两国。英国能源进口集中度高，因为英国对挪威的能源进口依赖性强，从挪威进口的能源贸易额达到能源总进口额的38.7%。德国、法国、英国的共同特点是从俄罗斯和欧盟成员国进口多，欧盟内部合作的密切性在很大程度上降低了上述国家的能源进口风险。

意大利能源进口的主要来源地是俄罗斯、西亚、北非，从欧盟成员国进口的比例并不多。

巴西的能源进口集中度较高，主要能源进口来源国是尼日利亚，接近20%；其次是美国，占到16.3%。

表 2-3 各国能源进口来源比较 (2011 年)

单位：%

能源进口国	能源进口 1	能源进口 2	能源进口 3	能源进口 4	能源进口 5	能源进口 6
美 国	加拿大	沙特阿拉伯	墨西哥	委内瑞拉	尼日利亚	其他
	22.6	10.2	9.6	9.2	7.4	41.1
中 国	沙特阿拉伯	安哥拉	伊朗	俄罗斯	阿曼	其他
	14.3	9.0	8.4	8.3	5.0	55.0
日 本	沙特阿拉伯	阿联酋	澳大利亚	卡塔尔	印度尼西亚	其他
	18.1	15.4	11.7	10.9	6.5	37.3
韩 国	沙特阿拉伯	卡塔尔	科威特	阿联酋	印度尼西亚	其他
	20.5	11.7	9.6	8.1	6.8	43.2
印 度	沙特阿拉伯	尼日利亚	伊朗	阿联酋	科威特	其他
	16.2	9.1	8.6	7.8	7.7	50.6
德 国	俄罗斯	荷兰	英国	挪威	哈萨克斯坦	其他
	19.7	12.8	7.1	3.7	3.3	53.4
法 国	俄罗斯	比利时	挪威	哈萨克斯坦	沙特阿拉伯	其他
	14.9	13.9	6.7	5.7	5.2	53.7
英 国	挪威	俄罗斯	卡塔尔	荷兰	尼日利亚	其他
	38.7	8.7	8.0	7.5	3.9	33.2
意大利	俄罗斯	阿塞拜疆	阿尔及利亚	沙特阿拉伯	伊朗	其他
	19.3	10.4	10.3	7.9	6.5	45.6
巴 西	尼日利亚	美国	印度	阿尔及利亚	沙特阿拉伯	其他
	19.9	16.3	8.2	7.4	7.0	41.2

资料来源：作者根据 UN Comtrade 计算。

2. 石油储备

在 10 个国家中，除中国、印度、巴西外，另外 7 个国家均为 IEA 成员国，其石油战略储备均达到 IEA 所要求的 90 天以上。其中，英国和韩国石油战略储备达到 200 天以上，美国和日本也达到了 173 天和 168 天。中国的战略石油储备正在建立的过程中，储备水平说法不一，普遍认为中国目前的战略石油储备在 30~40 天。印度也在建设战略储备的进程中，按目前建立的储备基地的能力估计，印度的石油储备为 12 天。巴西石油战略储备情况不详，但随着巴西海上油田的开发，巴西的石油自给能力将会得到增强，有从石油进口国向石油出口国转变的趋势（见图 2-13）。

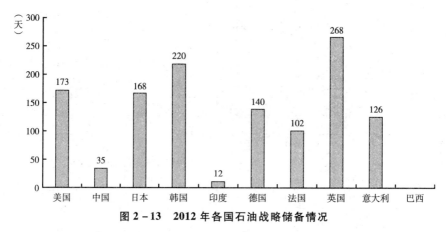

图 2-13　2012 年各国石油战略储备情况

资料来源：IEA 网站。

二　能源价格波动的可能影响排序

在 10 个国家中，韩国能源进口额相对 GDP 的比值较大，明显高于其他国家；印度、意大利次之，巴西较小，其他国家水平接近。这说明韩国能源进口投入相对较大，易受能源价格波动的影响。中国则处于中等水平（见图 2-14）。

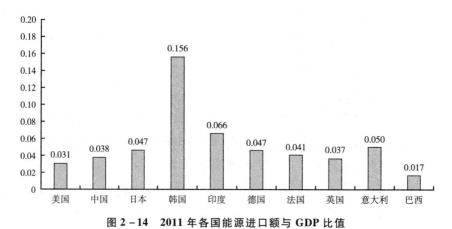

图 2-14　2011 年各国能源进口额与 GDP 比值

资料来源：作者根据 UN Comtrade 和 World Bank 数据计算。

从道路交通能源消耗来看，绝对量最大的是美国，远远高于其他国家，其次是中国。从相对量来看，巴西、美国、意大利、英国道路交通能源消耗比例较高，达到20%以上（英国接近20%）；其次是德国、法国、日本、韩国，比例在15%上下；中国和印度道路交通能源消耗比例较低，分别为5.4%和6.7%（见图2－15）。

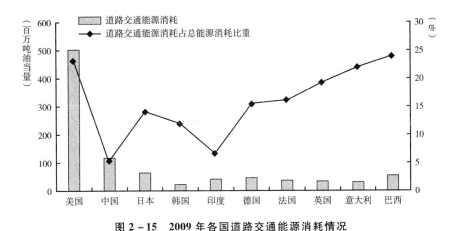

图2－15 2009年各国道路交通能源消耗情况

资料来源：World Bank 数据。

三 排放量和清洁能源供应度排序

在10个国家中，中国和美国是碳排放的大国，2011年使用能源产生的碳排放分别达到90亿吨和60亿吨。印度和日本也都达到10亿吨以上的水平。相比之下，其他国家能源消费的碳排放问题不及上述四国突出（见图2－16）。

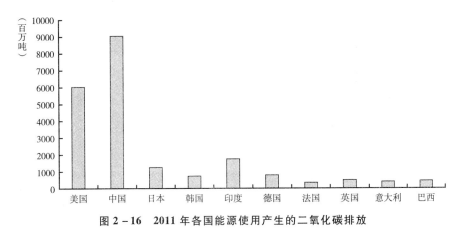

图2－16 2011年各国能源使用产生的二氧化碳排放

资料来源：《BP 世界能源统计年鉴2012》。

法国和巴西的清洁能源比例最高，这是由于法国的核能发展突出，而巴西水电占比很大。其他国家的比例类似，相对较高的是德国，较低的是中国和印度（见图 2 – 17）。

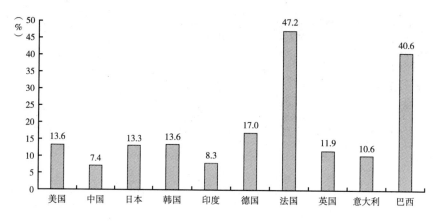

图 2 – 17　2011 年各国的清洁能源比例

资料来源：作者根据《BP 世界能源统计年鉴 2012》计算。

第三节　能源安全综合评价和对我国的启示意义

本节关注各国能源安全的综合评价以及所得到的结论对我国的启示意义。分为三项内容：第一，通过对各项评分的加总，得到各国能源安全综合评分情况，以此来评估；第二，说明每个国家在能源安全数量、价格、品质维度上的特征，在能源安全状态和风险应对能力方面的优劣；第三，探讨我国的能源安全问题，通过比较说明我国能源安全的特征以及强势和弱势环节，并探讨提高我国能源安全程度的应对措施。

一　各国能源安全综合评分

根据前文提出的评价方法（参见表 2 – 2 中提出的指标和打分制），得到各国各指标的得分，以及各国能源安全评价的总得分（见表 2 –4）。①

---

①　将各指标得分自然加总得到总得分等权重。

表 2-4　各国能源安全评价综合得分排名

排名	国家	指标得分										总分
		消费量	储产比	能源效率	石油对外依存度	能源进口集中度	石油储备	能源进口额/GDP	道路交通能耗占比	能源消费碳排放	清洁能源比例	
1	巴西	9.6	6.8	8.4	10.0	4.3	1.0	10.0	1.0	9.9	8.5	69.5
2	法国	9.7	1.0	8.1	1.5	9.5	4.4	8.4	4.8	10.0	10.0	67.4
3	英国	9.9	2.4	10.0	7.9	1.0	10.0	8.7	3.3	9.9	2.0	64.9
4	德国	9.5	2.7	8.9	1.9	9.3	5.7	8.1	5.0	9.6	3.2	63.8
5	意大利	10.0	6.7	9.9	1.8	6.1	5.2	7.2	2.0	9.9	1.7	61.2
6	日本	8.9	2.4	8.7	1.0	2.7	6.6	8.1	5.7	9.0	2.3	55.5
7	印度	8.6	4.5	4.9	4.4	8.2	1.4	6.8	9.4	8.5	1.2	57.8
8	韩国	9.7	1.4	5.5	2.3	5.1	8.4	1.0	6.8	9.6	2.4	52.1
9	美国	2.3	4.6	6.3	6.6	4.3	6.8	9.1	1.3	4.1	2.4	47.7
10	中国	1.0	2.4	1.0	5.1	10.0	2.2	8.6	10.0	1.0	1.0	42.3

进行比较的 10 个国家能源安全总得分位于 40～70 分区间内，我们将其划分为三组，分别是：能源安全状况相对较好的 60～70 分区间的国家，能源安全状况中等的 50～60 分区间的国家，以及能源安全状况相对较弱的 40～50 分区间的国家。

能源安全状况相对较好的国家包括巴西、法国、英国、德国、意大利；能源安全状况中等的国家包括日本、印度、韩国；能源安全状况相对较弱的国家包括美国和中国。

这样的结果呈现出一定的规律性：①在所选的样本国家中，南美新兴市场国家和欧洲发达国家表现最好，亚洲国家和美国表现较差，这说明当今世界的能源安全格局呈现出一定的地域性特征；②中国和美国的能源安全状况最低，在一定程度上说明了经济总量上的大国面临的能源安全问题更突出。

二　不同维度的对比分析

综合评分只能从总体上说明所选国家在本研究确定的评价体系下的整体排名情况，要想对每个国家能源安全状况强弱的成因进行分析还需要研究所设定的框架下各维度表现的特征，这可以填补单个指标评价和整体综合评分之间的空白地带。

按照我们提出的分析框架，能源安全的内涵体现在能源供给数量保证、能源价格波动影响以及能源品质清洁三个维度上。其中，又根据特征的明显差异将数量保证分为长期和短期两个方面。各国的能源安全特性之不同可以通过表2-5体现。

表 2-5　不同评价维度下的各国能源安全状况

国家＼维度	长期供给数量保证		短期供给数量保证		价格波动影响程度		能源品质的清洁度	
	安全状态	响应能力	安全状态	响应能力	安全状态	响应能力	安全状态	响应能力
美　国	★	★★★	★★	★★★	★★	★★★	★★	★
中　国	★	★	★★★	★	★★★★	★	★	★
日　本	★★	★★★★	★	★★★	★★★	★★★	★★★★	★
韩　国	★★	★★	★	★★★	★	★★★★	★★★	★
印　度	★★★	★★	★★★	★	★★★★	★	★★★	★
德　国	★★★	★★★★	★★	★★	★★★	★★	★★★	★
法　国	★★	★★★★	★★	★★	★★★	★★	★★★★	★★★★
英　国	★★★	★★★	★★	★★★★	★★	★★★★	★★★	★
意大利	★★★★	★★★	★	★★	★★	★★	★★★	★
巴　西	★★★★	★★★★	★★★	★	★★	★	★★★★	★★★★

注：星级的多少表示能源安全程度的强弱。★★★★表示相对较好；★表示相对较差。

从表2-5中可以看出，虽然各国在综合评价中表现出得分和排名的差异，但不存在哪个国家在各方面都具有优势的情况，也不存在哪个国家在各方面都处于劣势的情况。这在一定程度上也说明了，对于能源进口国来说，能源安全问题是普遍存在的，只是对各个国家表现的形式不同。一个国家可能在某些维度上无需担忧安全问题，但是在其他维度上会存在隐患。

下面来说明在各个维度上各国的强弱优劣。

（一）长期供给数量保证

从长期供给数量保证来看，中国处于较弱的安全状态中，并且风险应对能力也较低。直接原因在于中国虽然具有较大规模的能源储量，但能源消费量巨大，能源储产比低，能源效率低。从长期角度看，中国的能源安全处于不利的位置。

与中国类似，从长期来看，美国的能源安全状态也较差，应对能力好于中国，但低于平均水平。原因在于美国的能源消费总量较大，但其储产比要比中国高，能源效率也较高。

韩国和印度保障长期供应的状态处于中游水平，且风险应对能力偏低，但均好于中国。日本、德国、英国、法国几个国家相类似，由于均具有较低储产比和较高能源效率，因此在长期供应数量保证方面安全状态处于中游，风险应对能力较高。巴西和意大利长期情况较为乐观，无论是安全状态还是应对能力都没有明显缺陷（见图2－18）。

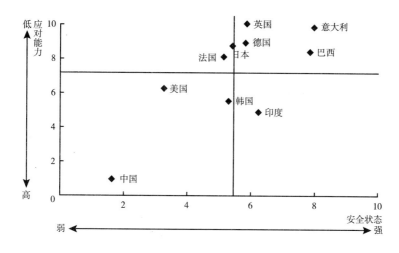

图2－18　各国能源安全长期数量保证评分

注：十字交叉线为各国评分的算术平均值参考线。

（二）短期供给数量保证

在短期供给数量保证方面，中国处在较好的安全状态中，但风险应对能力很弱。这是因为在比较的国家中，中国对外依存度属于中等水平，能源进口的来源最为分散，明显的弱点在于战略储备能力还不充足。

巴西和印度的情况与中国相似，目前都还没有完全建立起应急石油储备体系。[①]不同的是，巴西石油对外依存度低，而且巴西海上石油的发展

---

① 缺乏巴西战略石油储备的数据，考虑到巴西近几年才建立石油储备体系，所以巴西的战略石油储备按最低水平估计。

将使其自给能力大大增强。而印度石油对外依存度高，能源进口相对分散。

英国具有良好的短期供给安全状况，同时具有较高的应对短期供给风险的能力。其原因是在对比国家中，英国的石油对外依存程度较低，能源进口集中度略高，战略储备水平高。

德国、法国、意大利在短期供给数量保证方面的状态和风险应对能力都处于中等水平，都具有较高的对外依存度和较低的进口集中度。美国也表现出相似的特点，但不同的是美国的对外依存度较上述三国低，进口来源更集中。相比之下，日本、韩国短期供给数量保障情况令人忧虑，处在较差的安全状态中，体现为对外依存程度高，能源进口的集中程度也较高。由于这些国家都是 IEA 的成员国，均按 IEA 的要求备有 90 天以上的石油储备，所以都具有较强的应对短期风险的能力（见图 2 - 19）。

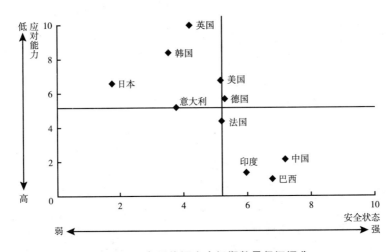

图 2 - 19　各国能源安全短期数量保证评分

注：十字交叉线为各国评分的算术平均值参考线。

（三）价格波动影响程度

由于中国的能源战略储备体系还没有完全建立起来，所以应对风险的能力较弱。不过中国的能源进口额相对 GDP 的比重低，刚性能源需求占总能源消费的比例相对较小，所以中国处在较好的应对能源价格波动影响的状态。印度也有着与中国相似的情况，同样是因为刚性能源需求比重低。

　　韩国用于能源进口的支出比重很大，这导致其更易受能源价格波动影响。其他国家易受价格波动影响的程度处于中等水平（见图 2 - 20）。我们认为短期应对风险主要的手段是能源储备的释放，不管是应对供应量的不足还是平抑价格波动，所以各国对于能源价格波动的风险应对能力与短期供给数量保证中的分析是一致的。

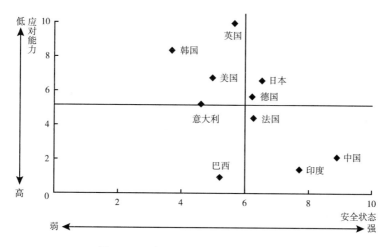

图 2 - 20　各国能源安全价格稳定评分

注：十字交叉线为各国评分的算术平均值参考线。

（四）能源品质的清洁度

　　在减少能源消费产生的排放、促进清洁能源使用方面，根据结果可以清晰地将样本国家分成三类：法国、巴西两国能源消费的碳排放低，清洁能源应用比例高，属于安全状态好、风险应对能力强的国家。中国、美国两国能源消费的碳排放高，清洁能源应用比例偏低，属于安全状态欠佳且应对能力较弱的国家。其他国家相对于法国、巴西来说，清洁能源的比例偏低，除印度排放较多外，各国的排放相对较少（见图 2 - 21）。

三　我国能源安全的薄弱环节及应对措施

　　在对各国能源安全进行了评述和比较之后，这一小节重点分析我国的能源安全问题。分析不仅限于前面比较过的量化评价因素，也考虑到国际关系、地缘政治、能源技术发展等难以量化的因素。通过分析得到我国所

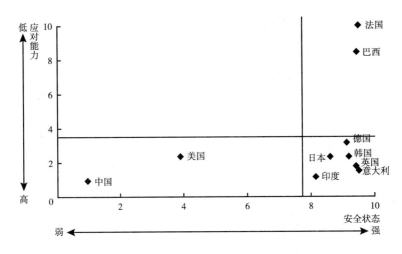

图 2 - 21　各国能源安全品质清洁评分

注：十字交叉线为各国评分的算术平均值参考线。

面临的能源安全形势的基本特点，并提出制定措施改善薄弱环节的建议。

（一）长期能源供给安全面临着很大制约

我国能源在长期供应量保证方面不容乐观。根据前文的比较分析，造成这种形势的直接原因在于中国虽然具备一定规模的能源储量，但由于能源消费量巨大，导致能源储产比低，同时能源效率也处于较低的水平。这种局面与我国是人口大国、经济发展迅速有关，也与我国增长方式仍在转变中有关。我国的产业结构中高耗能产业比重仍然较大，与发达国家相比技术发展水平仍然不高，这导致我国的能耗量大、能源效率低下。这给能源长期供应量保证带来很大压力。所以我国的能源安全还将持续面临长期受制约的问题，产业结构的调整和能源效率的提升是解决长期矛盾的重要途径。

（二）短期能源供给安全应注意防范风险，提高应对能力

在能源短期供给量保障方面，我国的对外依存程度在对比国家中处于中等水平，进口来源相对分散，这使得进口中断风险较低。另外，我国能源储备建设起步较晚，风险应对能力偏弱，能源短期供应安全仍存有隐患。细究其原因，可从正反两方面来分析。

对我国有利的因素在于：①我国能源消费结构中，煤炭消费的比例较高，石油消费的比例较低，大大低于进行对比的其他国家，①这弱化了石油进口依赖对我国的影响；②我国的石油进口来源国在对比国家中是最为分散的，一旦个别国家发生动荡，仍能确保风险控制在可消纳的范围内。

不利的因素主要在于：①虽然我国的石油进口地较为分散，但来自中东地区的进口还是占很重要的比例，特别是从伊朗进口相当比例的石油，而该地区的政治风险会对我国能源安全造成影响；②我国面临的地缘政治环境复杂，存在着石油进口通道受阻断的风险；③我国的战略能源储备还在建设之中，目前的储备量并不充足。

所以对于我国来说，注意防范可能发生的进口来源地和进口通道风险，加强储备建设是保障短期供应量充足、持续的关键。同时要注意继续保持进口来源的分散性，关注新的可能会成为我国能源进口来源的地区和国家。

（三）应注重提升对价格的影响能力

通过比较可以看出，我国不易受能源价格波动的影响，原因在于我国能源进口比重并不高，同时我国刚性能源需求也较低。这意味着一方面，当能源价格冲击发生时，我国有比较大的空间去接受上涨的价格；另一方面，我国也有较强的能力在短期内通过调整能源消费来应对价格变化。

这说明我国对于价格波动的接受能力较强，但对于价格影响的改变能力明显存在不足。除了前面提到的没有充足的能源储备，不能保证在一段时间内持续释放储备平抑价格外，还至少存在以下两点原因。第一，从资源禀赋条件来看，我国是能源进口国、能源需求国；从地缘关系来看，我国的近邻日本、韩国都是大量进口能源的国家，共同构成了竞争关系。这样的形势使得我国在国际能源贸易中处于不利位置，不具有很强的议价能力。第二，当今世界能源价格形成的金融化趋势明显，金融市场上的作为

---

①　我国的化石能源消费中，煤炭占 76%，石油占 19%。在进行对比的其他国家中，与我国最接近的是印度，煤炭占 58%，石油占 32%，也与中国有不小的差距。其他国家的化石能源消费结构中，石油的比重普遍都在 40% 以上，多者甚至达到70%。

可以在很大程度上影响能源价格，合理利用金融市场有利于平抑价格波动的风险。但我国目前还不具备利用金融工具影响能源价格的能力，特别是与美国等发达国家相比，我们在制度建设和能力培养上仍有较大差距。

所以除了继续推进能源储备体系建设之外，我国还应该注重利用自身在国际能源贸易市场中的地位，增强谈判能力；善用我国企业"走出去"进行海外能源投资的机会，增强对国际市场能源价格的影响力；注重金融制度建设和能力培养，逐步增强在金融市场上应对和影响价格波动的能力。

（四）实现能源品质提升应注意把握能源技术发展的机遇

通过量化指标的对比可以发现，我国的能源消费碳排放和清洁能源占比并不乐观，在对比国家中处于较低水平。能源发展既要满足经济发展对供应量的需求，又要满足环境友好的要求。这是存在着一定的排斥关系的两个目标。要破解这个难题根本上还是要寻求技术创新带来的突破。历史的发展也证明了这一点，能源技术的每一次重大变革都为能源使用方式带来革命性的变化，在寻求更清洁、高效、便利的替代能源的进程中仍是如此。

所以对于我国来说，在面对能源约束、清洁发展等多重目标时，抓住技术变革的机遇，鼓励对新能源和节能技术的研发，营造适宜新能源产业发展的环境，就有可能使得多个目标协调一致，从而有利于实现全面的能源安全内涵要求。另外，从治理的角度来看，对污染排放进行严格的管理和控制，也是促进能源清洁发展的有效措施。

主要参考文献

［1］ 戴维·A. 迪斯、约瑟夫·S. 奈伊：《能源和安全》，上海译文出版社，1984。

［2］ 高建良、梁桂枝、黄越：《能源贸易与中国能源安全》，《科技和产业》2008 年第 1 期。

［3］ 谷树忠、姚予龙、沈镭、吕耀：《资源安全及其基本属性与研究框架》，《自然资源学报》2002 年第 3 期。

［4］ 江冰：《新形势下保障我国能源安全的战略选择》，《中国科学院院刊》2010 年第 2 期。

［5］ 鞠可一、周德群、王群伟、吴君民：《中国能源消费结构与能源安全关联的实证分析》，《资源科学》2010 年第 9 期。

［6］ 沈文辉：《国际能源运输系统与国际能源安全———一种非传统安全视角的透视》，《中南林业科技大学学报》（社会科学版）2011 年第 3 期。

［7］ 史丹：《回顾与展望：能源供需关系及其影响》，《新视野》2006 年第 5 期。

［8］ 张生玲：《中国的能源安全与评估》，《中国人口·资源与环境》2007 年第 6 期。

［9］ 张宇燕、管清友：《世界能源格局与中国的能源安全》，《世界经济》2007 年第 9 期。

［10］ 周凤起、周大地：《中国中长期能源战略》，中国计划出版社，1999。

［11］ Adelman, M. A., Politics, Economics, and World Oil. *The American Economic Review*, 64（2），1974.

［12］ Bhattacharyya, S. C., Energy Economics：Concepts, Issues, Markets and Governance：Springer Verlag, 2011.

［13］ J. Bielecki, Energy security：is the wolf at the door? *The Quarterly Review of Economics and Finance*, 42（2），2002.

［14］ Bollen, J., Hers, S., van der Zwaan, B., An integrated assessment of climate change, air pollution, and energy security policy, *Energy Policy*, 38（8），2010.

［15］ Brown, S. P. A., Huntington, H. G., Energy security and climate change protection：Complementarity or trade-off? *Energy Policy*, 36（9），2008.

［16］ Cohen, G., Joutz, F., Loungani, P., Measuring energy security：Trends in the diversification of oil and natural gas supplies, *Energy Policy*, 39（9），2011.

［17］ Conant, M. A., Kratzer, M. B., *International Dimensions of Energy*. Am. UL Rev., 27, 559, 1977.

［18］ Costantini, V., Gracceva, F., Markandya, A., Vicini, G., Security of energy supply：Comparing scenarios from a European perspective, *Energy Policy*, 35（1），2007.

［19］ Deese, D. A., Energy：Economics, Politics, and Security, *International Security*, 4（3），1979.

［20］ Greene, D. L., Measuring energy security：Can the United States achieve oil independence? *Energy Policy*, 38（4），2010.

［21］ Gupta, E., Oil vulnerability index of oil-importing countries, *Energy Policy*, 36（3），2008.

［22］ Kruyt, B., van Vuuren, D. P., de Vries, H. J. M., Groenenberg, H., Indicators for energy security, *Energy Policy*, 37（6），2009.

［23］ Lefèvre, N., Measuring the energy security implications of fossil fuel resource concentration, *Energy policy*, 38（4），2010.

［24］ Lynne, C., Conceptualising energy security and making explicit its polysemic nature, *Energy Policy*, 38（2），2010.

[25] Marchetti, C., Primary energy substitution models: on the interaction between energy and society, *Technological Forecasting and Social Change*, 10 (4), 1977.

[26] McKie, J. W., The Political Economy of World Petroleum, *The American Economic Review*, 64 (2), 1974.

[27] Sovacool, B. K., Evaluating energy security in the Asia pacific: Towards a more comprehensive approach, *Energy Policy*, 39 (11), 2011.

[28] Sovacool, B. K., Mukherjee, I., Drupady, I. M., D Agostino, A. L., Evaluating energy security performance from 1990 to 2010 for eighteen countries. Energy, 2011.

[29] Sovacool, B. K., Mukherjee, I., Conceptualizing and measuring energy security: A synthesized approach. Energy, 2011.

[30] Spero, J. E., Energy Self-Sufficiency and National Security, *Proceedings of the Academy of Political Science*, 31 (2), 1973.

[31] Turton, H., Barreto, L., Long-term security of energy supply and climate change, *Energy Policy*, 34 (15), 2006.

[32] Vivoda, V., Diversification of oil import sources and energy security: A key strategy or an elusive objective? *Energy Policy*, 37 (11), 2009.

[33] Vivoda, V., Evaluating energy security in the Asia-Pacific region: A novel methodological approach, *Energy Policy*, 38 (9), 2010.

[34] Von Hippel, D., Suzuki, T., Williams, J. H., Savage, T., Hayes, P., Energy security and sustainability in Northeast Asia, *Energy Policy*, 39 (11), 2011.

[35] Yergin, D., Energy Security in the 1990s, *Foreign Affairs*, 67 (1), 1988.

第三章　能源金融发展及其对能源安全的影响

第一节　能源安全面临的新形势：能源市场金融化趋势

一　金融市场逐渐成为国际能源定价的主导力量

20 世纪 80 年代开始，国际能源市场价格形成机制呈现新的特点，期货市场等金融市场价格正在替代传统的现货贸易价格成为国际能源市场的定价基础。以石油为例，最早的能源金融衍生品——燃料油期货交易自 1978 年在纽约商品交易所出现。发展至今，以美国纽约商品交易所和伦敦国际原油交易所为代表的能源期货交易市场价格已经成为全球能源现货贸易的风向标。

2010 年纽约商品交易所 10 个能源类品种的交易量达到 3.8 亿手，按照交易量计算的能源类期货合约排名前 20 位的交易一半以上发生在纽约商品交易所，其中西德克萨斯中质原油（WTI）是重要的标杆价格。这些商品交易所的期货价格也成为世界原油现货贸易和长期合同定价的主要参考值。如在北美生产或者销往北美的原油都参照 WTI 价格；苏联、非洲和中东生产销往欧洲的原油都以布伦特价格作为基准。中东产油国生产或从中东销往亚洲的原油以前多以阿联酋迪拜原油为基准油作价；远东市场参照的油品主要是马来西亚塔皮斯轻质原油（tapis）和印度尼西亚的米纳斯原油（minas）。国际能源价格金融化趋势也得到了学术界的验证。相关研究发现，纽约商品交易所的汽油期货价格是形成美国、鹿特丹和新加坡市场现货价格的原因（Hammoudeh，2004）；①② 石油期货市场提供的信息可以解释大量的现货价格变动（Hammoudeh 和 Li H.，2004）；③ 石油裂解差价期货市场价格和原油现货市场价格之间是单向的传导关系，是从期货市场传导到现货市场（Atilim Murat 和 Ekin Tokat，2009）。④

除了石油产品期货外，美国和欧洲开始推出天然气以及电力等重要的能源期货产品（见表3-1）。这些能源产品的金融市场对现货贸易的价格影响力也在逐渐增强。根据2011年上半年统计数据，纽约商品交易所交易的天然气期货合约交易规模比2010年同期上涨近30%，成为重要的能源金融衍生品市场。Henry Hub 天然气期货合约已经成为世界天然气市

表3-1 1978年以来主要的国际能源期货产品

年份	期货产品	交易所	年份	期货产品	交易所
1978	燃料油	Nymex	1997	天然气	IPE
1981	柴油	IPE	1999	汽油、煤油	TOCOM
1981～1982	西德克萨斯中质原油布伦特原油	Nymex IPE	2001	电力	IPE
1984	无铅汽油	Nymex	2001	煤炭	Nymex
1987	丙烷	Nymex	2001	中东石油	TOCOM
1989	高硫燃料油	SIMEX	2003	柴油	TOCOM
1990	天然气	Nymex	2007	铀	Nymex
1996	电力	Nymex			

注：Nymex：纽约商品交易所；IPE：国际石油交易所；SIMEX：新加坡期货交易所；TOCOM：东京工业品交易所。

资料来源：D. Lautier and Y. Simon, Energy Finance: The Case of Derivative Market, DRM-Finance, CNRS UMR 7088, 27/04/2009, 以及根据 Exchanges 网站信息整理。

---

① Hammoudeh S. M., Li H. and Jeon B., "Causality and Volatility Spillovers Using Petroleum Prices of WTI, Gasoline, and Heating Oil in Different Locations", *N. Am. J. Econ. Finance*, Vol. 14, No. 1 (2004), pp. 89 – 114.

② Hammoudeh S. M. and Li H., "The Impact of the Asian Crisis on the Behavior of US and International Petroleum Prices", *Energy Econ*, Vol. 26 (2004), pp. 135 – 160.

③ Hammoudeh S. M. and Li H., "The Impact of the Asian Crisis on the Behavior of US and International Petroleum Prices", *Energy Econ*, Vol. 26 (2004), pp. 135 – 160.

④ Atilim Murat and Ekin Tokat, "Forecasting Oil Price Movements with Crack Spread Futures", *Energy Economic, s* Vol. 31, No. 1 (2009), pp. 85 – 90.

场的风向标。[①]

国际能源市场的形成与发展使得美欧等金融市场和金融创新能力较强的国家不必通过贸易禁运、战争等传统手段控制国际能源市场贸易，而是通过对期货市场交易的控制、货币和汇率政策以及金融衍生品创新与监管等因素，直接影响国际能源价格和产量，实现本国利益诉求。而且很多研究表明，只要能绕开监管，美欧的大型投行和能源公司就可以对期货和现货市场进行操控。[②] 以国际石油市场为例，由于美元是国际石油贸易的主导结算货币，美国可以通过对本国汇率政策的调整，直接控制国际石油价格。"美元贬值－油价上涨"过程中，美国一方面可以减少本国债务，促进出口增长；另一方面也为本国的金融投资商获得巨额收益[③]。

二　金融资本与能源行业融合程度不断加深

从世界范围来看，以煤炭、石油、天然气为代表的传统能源依然是全球能源公司、私募基金和金融机构的投资重点领域。从图3－1可以看出，2011年，世界油气勘探开发投资为5445.2亿美元。2012年，开发投资同比增速达到10%。[④] 在能源领域投资中，美国对页岩气等战略性新能源的投资额大幅增加。根据 EIA 预测，2035年，页岩气产量将占到美国新能源消费比重的27%。[⑤] 这为美国主导国际天然气定价提供重要的物质基础。

从资本结构来看，鼓励私人资本进入能源投资领域，已经成为各国保障能源供给和鼓励替代能源开发的重要手段。在政府税收优惠等经济手段的刺激下，2011年美国清洁能源领域私人投资比2010年增加了42%，达到481亿美元，德国、意大利和英国等欧盟国家在吸引私人投资上的效果也十分显著。[⑥] 以贝莱德世界能源基金为例，截至2012年5月，其资本总

---

① 林伯强、黄晓光：《能源金融》，清华大学出版社，2011，第165页。
② 管清友：《石油的逻辑——国际油价波动机制与中国能源安全》，清华大学出版社，2010，第125～126页。
③ 管清友：《石油的逻辑：国际油价波动机制与中国能源安全》，清华大学出版社，2010，第84～85页。
④ 中国石油集团经济技术研究院：《石油基础数据要览》，2012年7月。
⑤ EIA2011年度能源报告。
⑥ 《美国清洁能源投资额重夺全球第一》，《中国能源报》2012年4月18日。

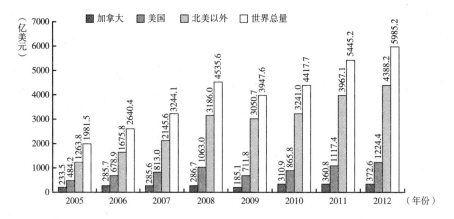

图 3-1 2005~2012 年世界油气勘探开发投资

资料来源：中国石油集团经济技术研究院：《石油基础数据要览 2012 年 7 月》（2012 年为估计数字）。

额已达到 35.4 亿美元，为油气勘探、开采、分销、服务等提供充足的资金保障。1991 年成立的能源基金会（The Energy Foundation，EF）不仅为传统能源领域提供资金保障，还广泛涉猎建筑节能、新能源、节能汽车等领域的研发和技术推广，其研究成果对美国很多州的清洁能源政策产生深远影响。从表 3-2 可以看出，与私人资本不同，政府在能源领域特别是新能源领域的投资呈现下降趋势。2011 年全球可再生能源产业的政府投资额

表 3-2 2004~2010 年世界新能源产业投资情况

单位：亿美元，%

项目 \ 年份		2004	2005	2006	2007	2008	2009	2010	2004~2010 年的变化率
技术研发	风险资本	0.4	0.6	1.3	1.9	2.9	1.5	2.4	36
	政府研发	1.1	1.2	1.3	1.5	1.6	2.4	5.3	29
	公司研究、设计与开发	3.8	2.9	3.1	3.3	3.7	3.7	3.3	-2
装备制造业	私人股权扩张	0.3	0.8	3.1	3.2	6.6	3.1	3.1	45
	公开市场	0.4	4.0	11.0	22.0	12.8	12.5	15.4	87

资料来源：Global Trends In Renewable Energy Investment 2011：Analysis of Trends and Issues in the Financing of Renewable Energy。

从 2010 年的 142 亿美元下降到 119 亿美元；政府主导的研发投入则从 2010 年的 162 亿美元下降到了 127 亿美元。[①]

三　全球碳金融市场发展迅速

广义的能源安全还指减少由化石能源消费产生的温室气体排放对环境气候的严重破坏，排放安全是国家能源安全的重要表现之一。1992 年 6 月 4 日在巴西里约热内卢举行的联合国环境与发展大会上，与会各国通过了《联合国气候变化框架公约》，这个公约标志着世界主要国家合作治理全球变暖问题的开端。该公约确定的最终目标是把大气中的温室气体浓度稳定在一个安全水平。具有法律效力的《京都议定书》构建减少二氧化碳减排的国际合作机制，一是以配额为基础的交易体系，即"碳减排"贸易机制（Emission Trade，ET）；二是以项目为基础的交易体系，即联合履行（Joint Implemented，JI）、清洁发展机制（Clean Development Mechanism，CDM）。这三个机制的主要作用是将碳排放量化，成为可以计量的具体商品，这样有利于衡量由碳排放对环境造成的外部成本。在此基础上，通过碳排放交易市场将外部成本内部化，减少温室气体的排放，也使得参与交易的各方可以获得减排带来的实际效益。

（一）碳金融市场交易规模不断扩大

碳金融市场根源于低碳经济的发展。根据世界银行的定义，碳金融市场交易是指服务于旨在减少温室气体排放的各种金融制度安全和金融交易活动，主要包括碳排放权及其衍生品的交易和投资、减排项目开发的投融资以及其他相关的金融活动。[②] 近年来，碳金融市场交易规模不断扩大，已经成为重要的国际金融市场（见表 3 - 3）。从表 3 - 3 可以看出，国际碳排放权及其衍生品交易规模增长速度较快，其 2010 年交易量为 2005 年的 12 倍多。即使是在全球金融危机出现以后，碳金融市场的交易规模也没有出现明显的萎缩。

---

① 《全球可再生能源领域私人投资大增》，《中国能源报》2012 年 1 月 30 日。
② 林伯强、黄晓光著《能源金融》，清华大学出版社，2011，第 330 页。

表 3 - 3 2005 ~ 2010 年全球碳金融市场交易规模

单位：十亿美元

年份	EU ETS	其他配额市场	一级 CDM	二级 CDM	其他项目市场	总额
2005	7.9	0.1	2.6	0.2	0.3	11.0
2006	24.4	0.3	5.8	0.4	0.3	31.2
2007	49.1	0.3	7.4	5.5	0.8	63.0
2008	100.5	1.0	6.5	26.3	0.8	135.1
2009	118.5	4.3	2.7	17.5	0.7	143.7
2010	119.8	1.1	1.5	18.3	1.2	141.9

资料来源：World Bank, State and Trend of the Carbon Market 2011。

碳金融市场的主要作用不仅是为国际碳排放权交易提供金融工具支持；碳排放交易货币、交易市场建设、绿色金融产品和创新的速度和规模等，已经成为建立国际金融市场新秩序的突破口。国际碳金融市场交易的标的物为减排单位，这就为中国等具有大量减排潜力和碳信用的国家参与国际金融新秩序建设提供机会。但是，国际碳金融市场的运行模式、合约定价方式与传统金融市场相似（见表 3 - 4），并且交易市场大多建在欧洲、美国等发达国家和地区。如何避免在国际碳金融市场中对碳排放权定价能力的缺失，是中国等发展中国家面临的重要问题。

表 3 - 4 国际金融体系与国际碳金融体系的共性和差异

	标价方式	市场内涵	基础资产	目的	面临的风险	国际监管体系
国际金融体系	汇率	国际资金融通和交易场所	利率、外汇、股票、黄金、信用等	投机、投资、对冲风险	价格风险、信用风险、国别风险	成熟
国际碳金融体系	一单位 ERU 一单位 CER 一单位 AAU	与温室气体排放权相关的金融活动场所	ERU、CER、AAU	达到减排目标	市场风险、政策风险	待建

资料来源：卢现祥、郭迁《论国际碳金融体系》，《山东经济》2011 年第 5 期。

（二）国际碳金融市场未来发展的不确定性

虽然《联合国气候变化框架公约》和《京都议定书》已经明确了各国对减少温室气体排放的职责和具体的方式，但是这两个公约在实施过程中并没有收到预计的效果。主要原因可以归结为三个方面：一是包括发达国家在内的世界主要参与国都面临着国内经济发展、就业促进的压力，减少温室气体的排放可能会在一定程度上影响各国经济增长的速度，这是全球减排合作难以实现的根本原因；二是环境对于各个国家而言属于公共物品，普遍存在被过度使用的情况，在治理环境的问题上各个国家又面临着其他国家搭便车的风险，这就使得全球温室气体减排陷入"囚徒困境"，难以实现合作均衡，这是全球合作减排难以实现的现实原因；三是分配各个国家排放份额、衡量各个国家温室气体排放总量以及减排技术的转让等，需要大量资金和先进技术、前沿理论的支持，很难在短时间之内完成，这是全球减排合作难以实现的技术原因。

同时，2012年是《京都议定书》规定减排的最后年限，后京都议定书时代，国际碳金融市场的发展将面临如下的不确定性，这也为国家利用碳金融发展低碳经济提出新的挑战。

一是是否能出现具有法律效力的、稳定的多边协议框架。这个框架不仅包括具有法律效力的强制性规定，还有辅助以国际多边贸易协定制度的改革。既要被主要的发达国家和发展中国家所接受，又具有现实的执行力和可操作性。二是在没有强制性法律规定的条件下，是否有国家和地区，特别是温室气体排放量较大的主要国家，能够根据《京都议定书》、哥本哈根宣言和坎昆宣言的精神，自觉自愿地执行减排目标。三是从长期看，在没有形成完善的多边谈判框架的情况下，是否具备这样的谈判机制，使得国家之间能够根据气候变化趋势、国家经济发展和产业结构现状，不断动态调整国际框架公约的内容，并顺利推进这个构成。四是即使在2012年之后，国家之间根据谈判进展，确定了具有法律效力的国际减排框架公约，这个公约是否能成为各国实现国内减排工作的指导性文献，也具有不确定性。五是市场机制依然是国际社会推进温室气体减排的关键手段。但是，各国之间的市场制度不健全，碳金融发展阶段差异较大，利用市场机制实施减排存在着诸多问题。发展中国家如何利用市场机制,与发达国家形成互为补充、协调发展的机制,也是需要认真研究的问题。六是维护国际碳市场稳定需要科学的碳价形成机制以及合理的碳价水平。但是,碳价形成不仅仅受碳市场供求的影响,也与传统能源市场信心高度相关。此外,还受各国自愿减排意愿、双边或多边贸易谈判进展、碳金融交易市场监督和监测直接相关。七是碳金融的发展将增加国际贸易中的摩擦,如欧盟航空碳税的征收。碳金融的发展是与国家经济发展阶段、能源供给和储备状况相关的,这势必造成国际碳市场的分割和难以有效契合。八是与能源金融衍生品一样,碳金融也面临着过度发展、与供求关系脱节以及价格波动风险的问题,如碳价与低碳技术投入成本之间的关系等。

第二节　中国发展能源金融的现状和问题

一　中国能源金融发展现状

(一) 中国能源行业对外投资规模不断增长

以石油为例,中国石油储备不丰富,资源对外依存度高。有效地利用国际市场,已经成为中国保障能源可获得性的重要途径。从图 3－2 和图 3－3 来看,按项目数量分,2003～2010 年,煤炭、石油、天然气行业占中国能源行业对外投资的 32%;按照项目价值衡量,2003～2010 年,煤炭、石油和天然气行业占中国能源行业对外投资价值的 59%。其中,油气行业对外投资比重最高。2011 年,中石油、中石化、中海油三家企业对外投资达到 300 亿元,比 2010 年增长 25%。三家企业海外油气权益产量达到 8500 万吨。[①] 同时,中国对外投资范围已经扩展到非洲、美洲、中东和拉美地区。随着中国能源需求缺口的不断扩大,能源企业境内外投资规模将不断扩大,金融资本对能源实体经济支持的力度不断增加,是维护国家能源供给安全的重要保障。

---

① 《中国企业加快"走出去"步伐》,《经济参考报》2012 年 4 月 9 日。

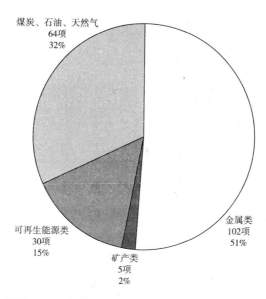

图 3 - 2　2003～2010 年中国能源行业对外投资分布（按项目数量分）

资料来源：Zhang Jian，China's Energy Security：Prospects，Challenges，And Opportunities，2011，The Brookings Institution Working Paper。

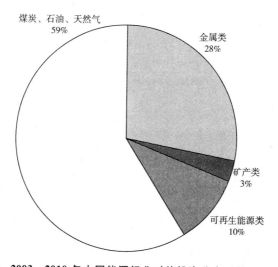

图 3 - 3　2003～2010 年中国能源行业对外投资分布（按项目价值分）

资料来源：Zhang Jian，China's Energy Security：Prospects，Challenges，And Opportunities，2011，The Brookings Institution Working Paper。

利用国际能源市场补充中国能源供给是维护能源安全的重要方面。另外，根据国际能源价格走势来决定能源对外投资，获得金融收益，成为中国对外直接投资的另一个重要特点。中国能源直接投资与能源价格之间的负相关关系明显。以石油为例，国际石油价格高涨时期，中国对外投资增速放缓；国际石油价格下降时期，对外投资增速加快。这一方面说明能源行业在对外投资中，利用价格手段，低成本获得国际市场资源；另一方面也表现出能源金融投资对金融风险规避的能力。表 3 - 5 是 2002 ~ 2010 年中国采矿业对外投资情况。图 3 - 4 是 2002 ~ 2010 年中国采矿业投资增幅与国际石油价格增幅之间的关系。

表 3 - 5　2002 ~ 2010 年中国采矿业对外投资情况

单位：百万美元，%

年份	年度对外投资								
	2002	2003	2004	2005	2006	2007	2008	2009	2010
采矿业	–	1380	1800	1675	8540	4063	5823	13343	5710
全部对外直接投资	2700	2854	5497	12261	17633	26506	55907	56530	68810
采矿业占全部投资比重	0.00	48.35	32.75	13.66	48.43	15.33	10.42	23.60	8.298
年份	对外投资存量								
	2002	2003	2004	2005	2006	2007	2008	2009	2010
采矿业	–	5900	5951	8652	17902	15014	22870	40579	44660
全部对外直接投资	29900	33222	44777	57205	75025	117910	183970	245750	317210
采矿业占全部投资比重	0.00	17.76	13.29	15.12	23.86	12.73	12.43	16.51	14.08

资料来源：历年中国对外直接投资统计公报。

近年来，中国在能源对外投资和对外贸易方面，不断积极寻求去美元化交易。如中国在与巴西进行能源贸易时，积极推动非美元交易。随着人民币国际化趋势的加强，能源对外投资和对外贸易将成为中国有效实施货币政策和外汇政策的重要平台。这将有助于中国获得能源、金融双重利益。

（二）金融资本积极支持新能源行业投融资

在主要的发展中国家中，中国、巴西、印度和非洲地区的新能源产业

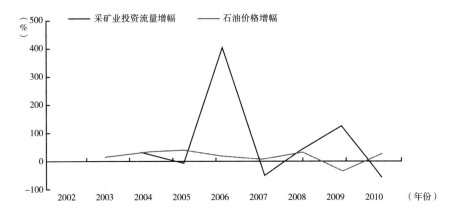

图 3 - 4 2002~2010 年中国采矿业投资增幅与国际石油价格增幅相关关系

资料来源：根据历年中国对外直接投资统计公报和 BP 能源统计年鉴数据计算而成。

投资速度较快，特别是中国。中国新能源产业投资 2004~2010 年的变化率为 80%，远远高于世界平均水平和美国等发达国家，成为世界上新能源投资增长最快的国家之一（见表 3 -6）。

表 3 - 6 2004~2009 年主要地区新能源产业投资情况分析

单位：亿美元，%

	地区/项目	2004年	2005年	2006年	2007年	2008年	2009年	2010年	2010年同比增长	2004~2010年的变化率
世界总投资	新增投资	33	57	90	129	159	160	211	32	36
	总交易额	41	83	125	187	224	225	268	19	37
按地区分类的新增投资	欧盟	9.0	18.4	27.3	46.6	47.6	45.0	35.2	- 22	25
	北美	3.8	10.3	24.6	29.4	32.3	19.7	30.1	53	41
	南美	0.5	2.8	4.7	7.7	15.7	9.4	13.1	39	70
	亚太	5.6	11.0	18.3	26.2	34.4	45.7	59.3	30	48
	中东和非洲	0.3	0.1	1.5	1.5	2.2	2.4	5.0	104	57
主要的发展中国家和地区	巴西	0.4	1.8	4.2	6.4	13.2	7.3	6.9	- 5	63
	中国	1.5	4.7	9.2	14.2	23.9	38.3	48.9	28	80
	印度	1.3	2.7	3.8	5.1	4.1	3.0	3.8	25	19
	非洲	0.3	0.1	0.6	0.7	1.1	0.7	3.6	384	51

资料来源：Global Trends In Renewable Energy Investment 2011: Analysis of Trends and Issues in the Financing of Renewable Energy。

（三）期货等能源金融衍生品市场开始启动

早在 20 世纪 90 年代，中国就开始探索建立能源金融衍生品市场。如1993 年在原上海石油交易所推出的原油期货交易。同时，中国还曾尝试建立可进行现货交易和远期合约交易的上海煤炭交易所。但是，由于远离世界能源定价中心，国内能源价格改革不断深化以及对能源金融衍生品市场监管不成熟等原因，原油期货交易所和煤炭期货交易所在运营时间不长的情况下被迫中止。直至 2004 年，燃料油期货挂牌，一直延续至今。

随着国际能源定价的金融化趋势不断加强，中国逐步认识到能源金融衍生品市场的重要性，并重新开始探索发展。如 2010 年，由国家发改委推出的区域煤炭价格指数——环渤海动力煤价格指数开始运行。国家证监会也将建立国内原油期货作为 2012 年工作的重点内容，强调中国建立原油期货对世界能源定价机制改革的信号作用，并将进入原油期货的实质筹备阶段。同时，随着天然气消费量的不断增加，国内也开始呼吁建立天然气期货市场，为今后掌握国际天然气定价权打下基础。

二 中国能源金融市场存在的问题

（一）中国能源企业融资渠道单一

中国能源行业投融资的主要途径来源于自筹资金和金融机构贷款。2008 年，能源企业自筹资金超过 60%（见表 3 - 7），而银行等金融机构投资

表 3 - 7 中国能源行业投资资金来源比重

单位：%

年份	国家预算	金融机构贷款	利用外资	自筹资金	其他资金
2002	8.18	45.88	3.72	35.06	10.09
2003	4.03	35.11	4.62	46.76	8.53
2004	2.98	34.30	3.02	52.90	6.80
2005	2.61	33.92	2.50	53.95	6.70
2006	2.99	33.94	1.47	55.74	5.87
2007	3.88	30.62	1.37	58.65	5.38
2008	3.69	29.06	1.16	61.11	4.98

资料来源：张荐华、黄河《中国能源金融市场发展战略思考》，《思想战线》2011 年第 3 期，第 76页。

比重接近 30%。风险投资、私募基金等对能源行业融资支持的力度不高，国内资本市场对能源行业发展的助推作用有待进一步提高。

国外很多研究认为，产业投资基金、私募基金等新型融资方式的发展对基础产业和高新技术产业的发展具有明显的促进作用。如 OECD (1996)[1] 的研究报告指出，融资方式是技术转化为生产力的最主要的影响因素，创业投资基金、私募基金等作为对高风险、高回报产业的特殊融资方式，大大提高了技术向生产力转化的速度。对能源行业而言，新型融资方式的发展有利于促进能源产业升级，加快技术进步，更好地保障能源供给。

中国新能源产业也面临融资渠道单一的问题。一般而言，在新兴产业发展初期，天使投资、风险投资和私募基金等多样化的投融资途径，一方面可以满足新兴产业发展所需的巨额资本，另一方面也是分散投资风险的重要途径。在产业进入规模化生产阶段时，私募股权基金、共同基金等对产业的扶持作用也得到世界发达国家很好的实践。中国创业投资基金、私募基金发展起步较晚，规模较小（见表 3-8）。新能源行业在中国不是创业投资基金等投入的重点领域。这在一定程度上也阻碍了新能源产业研发的速度。

表 3-8 2006～2009 年创业投资资本投资新能源行业比重

单位：%

年度	2006		2007		2008		2009	
类别	案例数	占比	案例数	占比	案例数	占比	案例数	占比
新能源、高效节能技术	17	4.08	34	5.42	48	6.27	70	6.23

资料来源：《中国创业投资行业发展报告（2010）》。

（二）中国能源企业对外收购兼并面临诸多难点和风险

20 世纪以来，在国家能源战略指导下，中国能源企业不断尝试海外收购兼并，积极参与国际合作。在对外兼并收购过程中，中国能源企业在

---

[1] OECD paper, Venture Capital and Innovation, *Organization for Economic Co-operation and Development*, Paris, 1996.

其融资方式、谈判方式和风险规避等方面进行很多有益的探索，并取得较好的成效。但是，在国际能源合作以及海外拓展的过程中，中国能源企业经常会面临复杂的国际环境，近年来对外投资失败的案例也屡次出现（见表3-9）。

表3-9　中国油气企业对外投资失败案例

时间	企业	投资目标	金额	失败原因
2002.12	中石油	俄罗斯斯拉夫石油公司77.95%股份	—	恶劣的政治环境
2003.9	中石油	"安大线"输油管道项目	20亿～25亿美元	国家安全、中日俄三国利益、建设成本、生态成本
2003	中化国际	韩泰炼油公司	5.6亿美元	韩国市场的限制
2003.5	中海油中石化	哈萨克斯坦卡拉干油田8.33%的权益	两家各出资6.15亿美元	西方五大石油公司行使股东优先购买权联手抵制
2005	中海油	美国优尼科公司	185亿美元	美国的政治经济利益、中海油的股权结构影响
2009	中石油	加拿大Verenex能源公司	4.6亿美元	利比亚方面的阻挠
2010.8	中海油	加纳JUBILEE油田	50亿美元	美国能源公司认为股价较低
2010	中石油	应该石油公司（BP）	千亿美元	美国政府阻挠

资料来源：高婷婷、李志学《基于财务风险的我国石油企业海外并购失败案例解读》，《重庆与世界》2012年第1期，第13页。

从中国油气企业对外兼并收购的失败教训来看，主要原因在于与国外企业和政府之间的信息不对称、财务制度和意识形态差异、政治风险以及融资能力低等。解决这些问题一方面需提高企业财务管理水平和风险意识等，另一方面也需要政府和政策性金融机构的支持。目前，中国政策性金融机构对能源企业对外投资的支持作用有限。从表3-10的对比中不难看出，与美国、日本相比，中国政策性金融机构在资金保障、融资方式、融资成本和风险规避等各个方面尚存在一定的劣势。美日等政策性金融机构对能源企业对外投资的支持大部分是不以营利为目标的，对大型能源企业兼并等提供低息贷款，甚至无息贷款，并不断创新融资方式。此外，美日政策性金融机构不断探索，创新金融产品，对能源企业海外投资过程中遇到的经济风险、政治风险和突发事件风险实现对冲。

表 3 – 10　中国、美国和日本政策性金融机构支持企业走出去的措施对比

国家	机构和部门	主要的服务
美国	美国进出口银行	支持跨国公司通过对外投资方式进行资源能源开发； 资金来源于财政部，不以营利为目标
	美国海外私人投资公司（OPIC）	提供贷款和担保； 支持投资海外项目的私募基金； 提供政治风险担保； 贷款期限长、低息或无息
日本	日本进出口银行	提供贷款和担保； 提供海外投资信息和情报； 协助建立产品销售网络渠道
	日本发展银行（DBJ） 日本国际协力银行（JBIC）	不与商业银行竞争和不以营利为目标； 提供长期海外投资贷款和稳定国际金融秩序
中国	中国进出口银行	享受优惠贷款业务的借款人一般为受援国政府，或者受援国政府制定并提供担保的、经中国进出口银行认可的其他机构； 对投资国环境较好、风险较小的对外投资业务授予一定的信用放款额度

资料来源：吕海彬《金融机构支持"走出去"战略的经验比较及启示——就美日中政策性金融机构而谈》，《北方经贸》2007 年第 6 期；根据中国进出口银行网站信息整理而成。

（三）新能源产业投资增长尚未带动能源结构优化

虽然中国新能源领域投资增长速度较快，但是新能源消费占中国一次能源消费的比重依然较低。风电是中国新能源发展中进展速度较快的行业之一。2010 年底，中国累计风电装机 44.73GW，位列全球第一，占世界累计装机容量的 22.4%。同时，中国计划发展七大风电基地（见表 3 – 11），不断加强风电行业发展水平。但是，据预测，[①] 到 2020 年中国风电发展为 1.5 亿千瓦，风电占一次能源的比重仅约为 2.2%。从风能发展的趋势可以看出，新能源产业的发展规模与中国能源消费增长速度、经济增长速度等指标尚难以匹配。

---

① 《周凤起：到 2020 年风电占一次能源的比重约 2.2%》，人民网，2010 年 8 月 23 日。

表 3 – 11   中国七大风电基地规划目标

风电基地	2010 年累计装机	在建装机	未来 10 年年均装机目标	2020 年规划
河北	3.58GW	850MW	1GW	14.13GW
内蒙古东部	3.82GW	1.8GW	1.7GW	20.81GW
内蒙古西部	6.3GW	1.12GW	3.2GW	38.3GW
吉林省	2.02GW	260MW	1.9GW	21.3GW
江苏沿海	1.28GW	220MW	950MW	10.75GW
酒泉	1.34GW	3.8GW	2GW	21.91GW
新疆	49.5MW	49.5MW	1GW	10.8GW

资料来源:《中国风电发展报告 (2011)》。

(四) 金融资本对技术研发的支持力度不足

从表 3 – 12 中不难看出，中国新能源产业发展的主要阻力在于技术进步。对核心技术研发的投融资规模和结构是决定新能源产业发展的重要推动力。此外，与发达国家相比，中国新能源产业技术研发的主体是政府，企业对研发投入的规模较小。从国际经验来看，企业从事技术研发更加有

表 3 – 12   中国新能源技术发展现状及进步空间

种类	发展现状	进步空间
太阳能	家用太阳能利用市场相对成熟,太阳能光伏成长很快,太阳能发电系统研发已经起步	建立太阳能系统的技术规范、技术产品质量国家标准和认证标准;加强太阳能建筑一体化技术的研究;实现太阳能电池等生产的关键设备的自主研制等
风能	风电场建设和产业化发展很快,兆瓦级风机机组生产已基本实现国产化	研发兆瓦级风电机组的总体设计技术和一些关键设备;建立先进的地面试验检测平台及测试风电场等
生物质能	技术日趋成熟,先进的能源植物和纤维素制液体燃料研究与国际同步	提高藻类生物质能转化技术和纤维素转化为液体燃料的生物酶及催化剂的研发水平等
核能	拥有比较完整的核工业体系,核电站建设速度加快,实验快中子增殖堆和高温气能试验堆等多项关键技术取得了重要进展	掌握独立自主规模化生产核心设备的能力;提高对第三代、第四代先进堆的研究水平等
其他	水能技术基本成熟;地热资源勘探技术较为成熟,有基于热泵技术的浅层地热利用市场;海洋能研究全面展开,尤其是波浪能发电技术达到国际先进水平;氢能的研究基本与国际同步	浅层地热资源开发与利用技术、用于深层地热能利用的增强地热系统的成套技术、与浅层地热利用有关的大功率热泵技术有待提高;抗风浪、耐腐蚀材料、独立发电系统等问题有待进一步研究和开发;制氢技术研究有待加快等

资料来源:《中国风险投资年鉴 (2011)》。

利于研发成果满足市场需求，而政府的主导作用是促进技术的传播。这也是中国新能源产业技术研发水平落后的重要原因。

第三节 能源金融化背景下中国能源安全面临的挑战

一 金融衍生品市场快速发展带来的价格风险

与其他金融衍生品相比，能源金融衍生品市场规模并不大。2007年以来，能源金融衍生品交易量占世界金融衍生品市场总交易量的比重一直维持在3%～4%。但是，能源金融衍生品市场规模呈现稳定增长趋势，与能源现货交易相比，其交易规模增长趋势明显，成为能源金融领域中投资者关注的重要领域（见表3－13）。近年来，场外交易规模快速增长、高杠杆率、能源金融衍生品快速创新等因素，使得能源金融衍生品市场逐渐丧失规避风险的功能，并且在一定程度上加剧了能源价格的波动性。

表 3－13　2007～2011 年全球金融衍生品品种、规模和波动性

单位：美元，%

品种	2007 年	2008 年	2009 年	2010 年	2011 年 1～6 月	变化率
股指衍生品	5499833555	6488620434	6382027655	7413788422	4165573156	34.80
股票衍生品	4400437854	5511194380	5588884611	6285494200	3525365778	42.84
利率衍生品	3745176350	3204838617	2467763942	3208813688	1853103765	-14.32
农产品衍生品	640683907	888828194	927693001	1305384722	529586361	103.75
能源衍生品	496770566	580404789	657025702	723590380	416243993	45.66
外汇衍生品	459752816	577156982	992397372	2401872381	1513070121	422.43
贵金属衍生品	150976113	180370074	151512950	175002550	127485550	15.91
非贵金属衍生品	106859969	175788341	462823715	643645225	190368816	502.33
其他	26140974	45501810	114475070	137655881	81739555	426.59
总　和	15526632104	17652703621	17744604018	22295247449	12402537095	43.59

注：变化率指 2010 年规模比 2007 年规模的变化程度。

资料来源：Futures Industry Association。

第一，机构投资者和对冲基金逐渐成为能源金融衍生品市场的主要交易者，增加了市场投机比重。1990 年全球对冲基金数量只有 300 家，2011 年全球对冲基金数量上升至 9500 多家，管理 2.02 万亿美元资本。对冲基金、机构投资者逐渐成为能源衍生品市场交易的主体。与传统能源企业不同，对冲基金和机构投资者的投资行为更加注重营利性，其投机性与实体经济发展逐步脱钩。2008 年，国际石油的日供应量只有 8100 多万桶，而石油期货市场的日交易量却高达几亿桶。美国德雷克塞尔大学经济与国际商业教授哈穆德博士认为，2008 年 7 月每桶 147 美元的高额油价中，投机成分至少占 1/3。[①] 根据对冲基金研究网站 HedgeFund. net 发布的报告，2011 年中东局势动乱和日本核地震情况下，对冲基金对这些地区的能源衍生品市场投资仍然呈现净流入状态。很多研究表明，大量的交易者的存在和交易工具的衍生使得石油市场的交易方式促进了石油价格和真实价值的背离，认为石油价格变化与期货价格和美元汇率存在严重的偏离，其中获利性的炒作行为是主要原因。[②]

第二，能源衍生品合约标的物逐渐转向天气、交易合约等无形产品，衍生品交易日益复杂，交易风险不断增大。从表 3-14 中可以看出，能源金融衍生品市场发展的另一个重要特征是，合约标的物不仅仅是石油、天然气、电力等实物，而是逐渐转向与能源行业经营相关的天气变化、气候变化，甚至以另外的交易合约为标的物。这个趋势一方面扩大了能源金融市场支持能源行业的途径，另一方面也加快了能源金融衍生的速度和交易的复杂性，增加了能源衍生市场的交易风险。

第三，国际金融市场高杠杆率增加了能源金融衍生品市场的经营风险。高杠杆率被认为是全球金融危机爆发的重要原因之一。从表 3-15 的内容来看，十几到几十倍的杠杆率增加了能源金融市场的经营泡沫，也削弱了市场抵御风险的能力。2009 年全球金融危机之后，大量的研究报告将危机的根源指向规模不断扩大的场外交易和高杠杆率。美国等金融发达国家的金融改革

---

① 严恒元：《抑制国际油市过度投机任重道远》，《经济时报》2009 年 11 月 12 日。

② Giulio Cifarellia, Giovanna Paladino, " Oil price dynamics and speculation: A multivariate financial approach", Energy Economics, 2009, doi: 10. 1016/j. eneco. 2009. 8. 14.

表 3 – 14　世界主要的天气期权、期货合约

类型	地区	合约类型
温度指数期货合约	美国	月度制冷日指数期货(Cooling Monthly) 夏季制冷日指数期货(Cooling Seasonal) 月度制热日指数期货(Heating Monthly) 冬季制热日指数期货(Heating Seasonal) 周平均温度指数期货(Weekly Weather)
	欧洲	月累计平均温度指数期货(CAT Monthly) 季节累计平均温度指数期货(CAT Seasonal) 月度制热日指数期货(Heating Monthly) 冬季制热日指数期货(Heating Seasonal)
	加拿大	月度制冷日指数期货(Cooling Monthly) 夏季制冷日指数期货(Cooling Seasonal) 月度制热日指数期货(Heating Monthly) 冬季制热日指数期货(Heating Seasonal)
温度指数期货合约	亚洲	月累计日均温度指数期货(Monthly) 季节累计日均温度指数期货(Seasonal)
霜冻指数期货合约		欧洲月度霜冻指数期货合约(Monthly Frost Days Futures) 欧洲季节性霜冻指数期货合约(Seasonal Frost Days Futures)
降雪指数期货合约		美国月度降雪指数期货合约(Monthly Snowfall Index Futures) 美国季节性降雪指数期货(Seasonal Strip Snowfall Index Futures)
飓风指数期货合约		美国飓风指数期货合约(CME Hurricane Index Futures) 美国季节性飓风指数期货合约(CME Hurricane Index Seasonal Futures) 美国季节性最大飓风指数期货(Hurricane Seasonal Maximum Futures)

资料来源：龚萍、周博《最新 CME 天气指数期货合约简介》，永安期货研究报告。

表 3 – 15　2011 年部分发达国家负债和杠杆率

	美国	日本	英国	加拿大	欧元区	法国	德国	希腊	意大利
政府总债务	100	229	83	84	87	88	80	152	120
政府净债务	72	128	75	35	67	78	55	—	101
家庭总债务	91	74	107	93	72	69	62	68	50
非金融机构总负债	76	138	128	—	142	157	69	71	119
金融机构总负债	97	188	735	—	148	148	95	21	99
银行杠杆率	13	23	24	18	26	26	32	17	20

注：除非特别说明，均为占该国 2010 年 GDP 的比重。

资料来源：Global Financial Stability Report 2011。

取向也是针对去杠杆化、严格监管场外交易和增加信用评级透明度等问题。时至今日，金融机构高杠杆率问题依然突出，增加金融衍生品市场经营的风险。

同时，场外交易的增加也加剧了能源价格的波动性。从能源金融市场交易地点来看，可以分为场内交易市场和场外交易市场。从表 3－16 的内容来看，场内交易市场是指有固定交易地点、固定合约类型和受到严格监管的交易场所。场外交易市场是指一对一交易、自行协商交易具体条款，不受严格监管的交易市场。近年来，场外交易市场规模不断扩大，成为能源金融衍生品市场交易的主要类型。2008 年，全球场内衍生品交易名义总额约 57 万亿美元，X 同期的场外交易的衍生品名义本金总额达到 592 万亿美元。[①] 为了解决场外能源衍生品市场规模扩张给能源金融市场带来的动荡，全球金融危机后，美国出台多项法案，如《Dodd-Frank 法案》等，对场外交易进行监管。但是，美国

表 3－16　能源金融衍生品市场场内交易市场和场外交易市场特点的比较

交易特点	场内交易市场	场外交易市场
交易地点	交易所集中交易	场外一对一交易
合约特征	标准化合约，由交易所统一规定具体格式	非标准化合约，双方自行协商确定交易合约相关的条款
交割方式	由交易所规定交割方式、数量、品质、时间和地点	由买卖双方自行协商交割方式，大多数采用现金交割
议价方式	公开、集中竞价	一对一议价
结算方式	交易所或者结算公司负责，实行每日无负债结算制度	由买卖双方直接结算
信用基础	保证金制	基于信用
履约风险	由交易所或者结算中心担保合约履行	由买卖双方自行承担违约风险
法律框架	交易所指定有关交易、交割以及结算规制、风险控制方法	ISDA 协议
监管体系	接受证券期货监管部门的严格监管	遵循一般的商业合同法律和惯例

资料来源：林伯强、黄晓光著《能源金融》，清华大学出版社，2011，第 47 页。

---

① 朱小川：《简评美国场外衍生品监管规则的历史演变及改革效果》，中欧陆家嘴国际金融研究院报告，2010 年 1 月。

经济学家也认为，一旦能源金融监管离开一国的范围，则无法有效实施。①

　　能源金融衍生品的创新速度加快以及场外交易速度的加快，国际能源金融市场出现诸如"安然漏洞"、"伦敦漏洞"和"互换漏洞"等的监管缺失，其对能源金融市场和实体市场均产生巨大的危害和破坏。

　　由于能源衍生品市场发展速度过快、监管难度不断增加，包括中国在内的发展中国家希望通过能源金融市场的发展参与能源定价、利用金融工具进行套期保值的难度将不断加大。

二　国际能源市场单一计价货币造成的结算风险

　　除国际金融衍生品创新对能源价格产生的影响以外，国际能源期货和现货交易的计价货币本身的币值和汇率政策也影响交易价格水平。美元是国际贸易主导货币，美元币值的变化会直接影响国际大宗商品交易价格。

　　以石油市场为例，美元汇率与国际石油价格之间具有非常明显的相关关系。1986～2012年，美元指数与WTI原油现货到岸价格之间存在非常明显的负向相关关系（见图3－5）。即使在国际市场供给和需求不变的情况下，美国汇率的波动也可以直接影响石油价格走势。

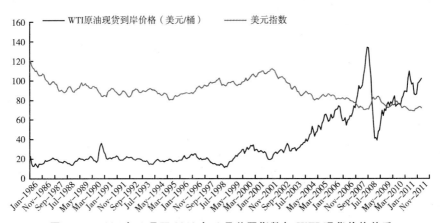

图3－5　1986年1月至2012年6月美国指数与WTI现货价格关系

资料来源：笔者根据 EIA、FED 网站数据整理而成。

---

① Giulio Cifarellia, Giovanna Paladino, "Oil Price Dynamics and Speculation: A Multivariate Financial Approach", *Energy Economics*, 2009, doi: 10. 1016/j. eneco. 2009. 08. 14.

能源计价货币对能源价格的影响也得到很多研究的证实。如 Chang (2008)[1] 提出美元汇率变动是导致石油价格上涨的原因，美元贬值使得与美元汇率挂钩的国家必须要采取适度宽松的货币政策，以平抑美元贬值对本国货币币值的影响，这种宽松的货币政策在一定程度上提高了石油等生产、生活资源的需求，从而提高了石油价格。Andreas Breitenfellner 和 Jesus Crespo Cuaresma (2008)[2] 认为，美元汇率导致石油价格上涨的原因是通过影响生产国的收益来实现的。美元是国际石油贸易的主要交易货币，石油生产国拥有大量的石油美元，一旦美元货币贬值，为了保障自身的收益，石油生产国势必会提高石油价格来补偿损失。Chen，Kenneth Rogoff 和 Barbara Rossi (2008)[3] 提出与传统决定价格的供求等因素相比，汇率等新价格影响因素对价格信息的反应更加灵活，汇率等因素不仅包括现有的商品价格信息，还包括商品价格未来的信息，实体经济的发展趋势能够更加准确地反映在汇率上，进而影响石油价格，形成价格的涨跌。

和金融炒作对国际石油价格的影响类似，美元汇率的变动不是引起国际石油价格变动的唯一变量，美元汇率变动是由美国经济发展策略、国际金融市场创新、国际地缘政治变化等一系列原因造成的。美国政府通过美元汇率的变化影响国际石油价格不仅可以获得低价能源，还可以获得铸币税，对石油生产国形成两重剥削。同时，美元汇率的变动也影响欧元等货币作用的发挥，影响各国的外汇储备数量和价值，从而巩固美元的世界货币地位。

以单一美元作为世界大宗商品的计价货币有很大的缺陷，采用多元化的计价方法可以避免因美元价值不稳定或者被操控对世界经济带来的危害。为了改变美元对国际能源价格的影响，包括中国在内的很多国家开始

① Cheng K. C. , "Dollar Depreciation and Commodity Prices", in IMF eds. *World Economic Outlook*, International Monetary Fund, Washington D. C. 2008, pp. 72 – 75.

② Andreas Breitenfellner and Jesus Crespo Cuaresma, "Crude Oil Prices and the Euro-dollar Exchange Rate: A Forecasting Exercise", *Working Papers in Economies and Statistics*, University of Innsbruck, 2008.

③ Chen, Kenneth Rogoff and Barbara Rossi, "Can Exchange Rates Forecast Commodity Prices?", *Working Paper*, Harvard University, 2008.

尝试在国际能源贸易中使用多元化的结算货币。其中，欧元、人民币等都成为区域贸易结算的备选货币。但是，这个问题的解决较为复杂，一方面，任何单一货币计价都不能避免"石油－美元"计价体系的缺陷；另一方面，美元势必会维护自身的国际定价货币地位，阻挠货币多元化发展进程（见表3－17）。每当国际石油贸易考虑以欧元计价时，欧元币值都会发生不利的变化，这就是美元捍卫主导货币地位的重要表现。

表 3－17　欧元走势与石油欧元（Petro Euro）计价机制的关系

时间	内容
2000 年 11 月	伊拉克宣布以欧元计价石油,欧元相对于美元的跌势中止
2002 年 4 月	OPEC 代表发布演讲,称 OPEC 将考虑实施石油欧元计值的可能性
2002 年 4 月至 2003 年 5 月	欧元币值上升
2003 年 6 月	美国将伊拉克的石油销售重新转变为用美元计值
2003 年 6 月至 2003 年 9 月	欧元相对于美元下跌
2003 年 10 月至 2004 年 2 月初	俄罗斯和 OPEC 官员们宣称正在考虑石油以欧元计价,欧元相对美元上升
2004 年 2 月 10 日	OPEC 称并没有达成转为使用欧元的决定
2004 年 2 月至 2004 年 5 月	欧元相对于美元下跌
2004 年 6 月	伊朗宣布建立石油交易所的意图
2004 年 6 月	欧元相对于美元开始重新上升

资料来源：Cóilín Nunan, "Petrodollar or Petroeuro? A New Source of Global Conflict", http://www.feasta.org/documents/review2/nunan.htm。

三　中国难以通过国际航运金融市场控制运输风险

随着能源国际贸易的快速发展，国际航运金融成为国家维护能源安全的重要手段。国际航运金融涉及融资租赁、资金计算、航运保险以及金融衍生品交易等业务，参与方包括运输企业、港口、银行、证券公司、保险公司等。航运金融主要为国际能源等货物运输提供资金保障、转移风险、补偿损失等，特别是能源运输过程中可能出现的资金不足、货物或船只损失、运输合同毁约等情况。国际航运金融中心集中在伦敦、纽约等欧美城市，其凭借航运金融不仅能控制国际能源贸易的发展趋势，也能实现本国能源战略意图（见表3－18）。2012 年，欧洲禁止对伊朗的石油出口提供航运保险，极大地增加了中国、日本、韩国和印度等亚洲国家从伊朗进口石油的难度，从而实现对伊朗的制裁。为了缓解能源进口危机，日本不得不通过政府为航运提供保险，中国则冒险使用本国或者伊朗船只运输，而韩国和印度都没有找到更好的办法。

表 3 - 18　全球航运保险保费分布和市场份额

地区 \ 年份	保费（亿美元）				市场份额（%）			
	2010	2009	2008	2007	2010	2009	2008	2007
欧洲	137.38	140.36	141.93	141.89	54.3	61.27	60.70	61.40
亚太	75.65	48.99	52.68	49.40	29.9	21.39	22.53	21.38
北美	21.25	21.81	23.99	24.89	8.4	9.53	10.26	10.77
其他	18.72	17.90	15.22	14.91	7.4	7.81	6.51	6.45

资料来源：IUMI Global Marine Insurance Report 2010，2011。

为解决航运企业融资、保险和风险规避等问题，中国也在积极发展以上海、大连和天津为代表的国际化航运金融市场。但是，从短期来看，国内航运金融市场的建设还面临诸多问题，难以承担伦敦、纽约等国际航运金融中心的相关功能。

中国建设国际航运金融中心的主要障碍在于，一是国内金融制度建设不完善，缺乏对国际金融机构和航运企业的投资吸引力。目前中国航运金融业务仍处于发展的初级阶段，制度建设上不完善，难以在激烈的国际竞争中取得胜利。如在上海办理船舶贷款，银行需要缴纳5%的营业税，而国外则不需要。[①] 二是缺乏与航运金融业务相配套的服务体系。航运金融的发展涉及法律、会计审计、资金结算、检验、评估、保险理赔、经纪人和协会等各种服务业务，其业务规则参照国际标准，这些服务体系难以在短期内完成。三是中国仍缺乏与国际航运金融中心相适应的港口建设和金融产品创新能力。国际航运金融市场发展的滞后，使中国在能源运输过程中对运输企业融资和保险的能力有所缺失。在不发生战争等突发事件的情况下，我国可以依靠国际航运企业和保险公司实现能源运输。一旦出现局

---

① 黄发义、王明志：《上海航运金融现状及问题探析》，《港口经济》2008年第6期，第19页。

部冲突或者突发事件，航运风险将成为威胁中国能源供给安全的重要因素，应引起足够的重视。

四　中国能源衍生品市场难以在短期内形成规模

从理论上看，由于亚洲急需建立有国际影响力的能源定价中心，而中国凭借其巨大的能源消费需求和外汇储备，有能力建设并积极发展能源金融衍生品市场和交易市场，并使其逐步成为定价中心。能源定价中心的建设不仅有助于掌握国际能源定价主导权，还可以为中国的能源企业提供可靠的套期保值场所。这样可以避免由于操作不规范、信息不对称等造成的诸如"中航油事件"的损失。

但是，从美国能源定价中心建设的经验来看，中国发展能源金融衍生品市场和建立交易市场面临三个方面的困境。一是定价货币和现货储备的缺乏。中国发展诸如原油市场等能源金融交易市场，应首选人民币为交易货币。但是，由于人民币国际化程度不高、尚不能自由兑换等问题，以人民币计价的交易合约不具有规模和交易范围的优势。同时，中国能源储备中煤炭是主要的能源形式，石油和天然气等储备水平不高，缺乏能源储备则难以对期货市场价格进行干预。以摩根士丹利公司为例，其为了掌握国际能源现货市场的话语权，在世界各地投资建立油库、发电厂等，其现货储备的规模足以影响国际能源市场的价格水平。与摩根士丹利相比，中国在国际能源市场上的影响作用难以发挥。

二是对国际市场信息的掌握和交易产品创新能力。快速掌握国际能源市场瞬息万变的信息，一方面需要先进的分析技术和广泛准确的信息来源；另一方面也需要严格的交易纠错和监管制度。中国的期货、期权市场尚属于初级阶段。以上海期货交易所的燃料油期货为例，由于缺乏丰富的交易品种，并且也难以起到套期保值的作用，在国际石油价格下行时期，中国燃料油期货呈现长期萎靡的局面，甚至出现零交易的局面（见图3-6）。

三是中国能源金融市场的国际开放程度和吸引力问题。中国发展能源金融衍生品交易市场的困难还包括国内金融市场开放程度较低，缺乏与能源金融市场发展规模相适应的监管体系，缺乏先进的信息服务平台建设。

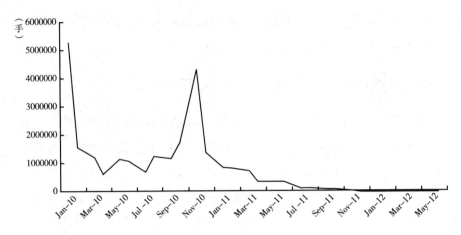

图 3 - 6　2010 年 1 月至 2012 年 6 月以来中国燃料油期货成交量

资料来源：根据上海期货交易所网站数据整理而成。

在短期内，中国难以马上建成具有国际影响力、开放程度高、吸引多元化投资者的世界性能源金融衍生品市场。

五　中国能源定价权的缺失和"亚洲溢价"问题

美国等发达国家很早就已经意识到国际能源定价权是国际能源战略的核心，并致力于保持这种优势。基欧汉（2001）[1] 提出稳定的国际货币体系、开放的市场和国际石油定价权将成为美国领导世界的主要手段，美国的盟国只有通过这个中心机制获得利益，才会服从美国的领导。国际石油定价权需要依靠强大的能源金融市场、对金融工具的熟练掌握、丰富的能源储备以及国际贸易主导货币；提高对国际能源价格波动的承受能力依靠产业结构和经济结构的优化。这些条件中国现阶段并不具备，所以短期内无法实现对国际能源定价权的主导。

由于定价权的缺失，包括中国在内的亚洲国家长期承受着诸如石油市场的"亚洲溢价"等损失（见表 3 - 19）。亚洲缺乏有影响力的能源金融市场，并且长期依赖从中东地区进口石油。中东地区的产油国为维护本国

---

① 〔美〕罗伯特·基欧汉、〔美〕约瑟夫·奈：《权利与相互依赖》，门洪华译，北京大学出版社，2002。

石油出口收益的最大化，对谈判能力较强的欧美地区制定的价格要低于对亚洲地区出口石油的价格，这个价格差异被称为"亚洲溢价"。中国是"亚洲溢价"的主要受害者，其溢价水平是日本的 2 倍左右，是美国的 4 倍多。据统计，2011 年中国多进口 1500 万吨原油，为此多付出近 900 亿美元。2012 年上半年，在国际油价仅上涨不足 2% 的情况下，中国石油、中国石化炼油业务分别亏损 233 亿元和 185 亿元。[①]

表 3 - 19　2002 ~ 2009 年 "亚洲溢价" 数据

国家 ＼ 年份	2002	2003	2004	2005	2006	2007	2008	2009	平均值
中国 - 美国	2.35	3.39	3.38	4.51	6.23	1.79	9.65	2.29	4.2
日本 - 美国	2.21	2.58	3.82	5.47	- 0.5	22.87	- 38.45	19.44	2.18

资料来源：张馨艺等《"亚洲溢价"的困境与对策研究》，《国际经济合作》2012 年第 5 期，第 85 页。

也有的研究认为，"亚洲溢价"是特定历史时期的产物。随着中国、日本等亚洲国家寻求能源进口的多元化，"亚洲溢价"将逐渐消失。为此，中国政府积极寻求多元化能源进口途径，如中国 2010 年同意向委内瑞拉提供 200 亿美元的贷款，以换取在未来 10 年间每天从委内瑞拉获得 10 亿桶石油；非洲第三大石油生产国安哥拉 2010 年 3 月超越沙特阿拉伯成为中国最大的原油供应国。但是，从实际情况来看，中东依然保持着对亚洲地区的出口优势。若包括中国在内的亚洲国家对石油等化石能源需求不断上升，而又缺乏国际能源定价权，则"亚洲溢价"不仅不会消失，甚至有继续扩大的可能性。

六　碳金融市场对中国发展低碳经济的支持作用有限

在国际节能减排的体系中，中国主要是 CDM 市场的参与者。从图 3 - 7 和图 3 - 8 中可以看出，虽然中国 CDM 注册项目数量较多，但是对国内碳金融市场的推动作用并不明显。首先，中国缺乏对国际碳排放交易价格的定价权。中国 CDM 项目投资多来自中国国内的企业，特别是大型国有

①　《中国原油定价权缺失"亚洲溢价"致每年损失百亿》，《中国证券报》2012 年 8 月 27 日。

企业，由于与二级 CDM 市场没有形成有效的联系，很难通过碳金融市场对投资的项目风险进行规避。

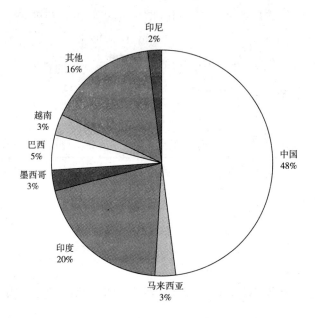

图 3 - 7　世界注册 CDM 项目分布

资料来源：中国清洁发展机制网（截至 2012 年 5 月 9 日）。

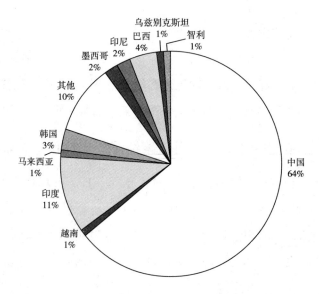

图 3 - 8　世界注册 CDM 项目减排量分布

同时，与石油、天然气期货市场的发展类似，国际碳交易价格的定价权也掌握在欧美国家手中，中国 CDM 项目投资者只能被动接受价格。随着国际碳价格近年来的不断走低（见图 3－9），中国很多 CDM 项目难以通过碳市场交易回收成本。中国 CDM 项目的发展仅仅停留在项目融资的基础上，远没有达到碳金融市场建设的层面。这不仅无益于中国参与碳交易市场定价，也增加 CDM 项目投资风险。

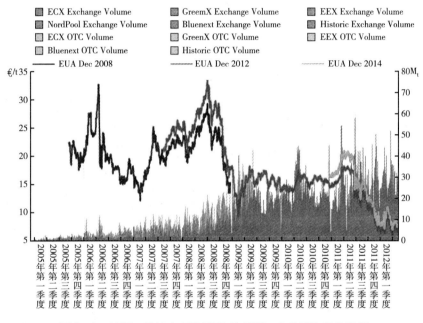

图 3－9　2005～2012 年 EU ETS 的 EUAs 交易量和价格数据

资料来源：point carbon 网站。

第四节　中国发展能源金融的相关政策建议

国家能源安全的核心内容简要概括为三个方面：一是保障能源的可获得性；二是降低获得能源的经济成本；三是重视能源消费的环境安全。通过上述论述不难看出，能源金融的发展不仅是实现上述目标所必要的工具和手段，其本身的风险规避和赢利功能也是国家能源安全的重要内容。中国"十二五"时期的能源战略可以表述为构建安全、稳定、经济、清洁的现代能源产业体系。为此，必须牢牢把握四个基本原则[①]：一是坚持统筹国内和国际两个大局；二是坚持推动能源生产和利用方式变革；三是坚持科技创新和体制创新并重；四是始终坚持保障和改善民生。为实现上述战略，应有效发挥能源金融的重要作用。

一 高度重视政府和政策性金融机构对能源企业的扶持作用

从发达国家的经验不难看出，政府和政策性金融机构对能源企业融资、规避价格风险和对外投资的支持是维护能源安全的重要手段。首先，国家应建立重大能源合作项目的国家谈判机制。在中俄天然气等项目合作的过程中，国家层面的谈判对促成能源合作起到重要的推动作用。应积极总结经验，形成长效机制。

其次，政府相关部门应加快对能源金融市场进行立法和制度建设，运用税收、利率、汇率等手段降低能源企业投资和对外合作的融资成本，增强抵御风险的能力。1978 年，美国联邦政府出台的《能源意外获利法》规定对页岩气开发实施长达 15 年的补贴政策，有些州甚至对页岩气的开发不征收生产税。这些税收政策对促进页岩气开发起到重要的推动作用。同时，政策性金融机构应更加强调其政策性职能，弱化商业性赢利职能，将国家能源安全和能源战略作为指导政策的出发点之一，加快金融产品创新能力，鼓励能源企业投资和对外合作。此外，充分发挥股市、债券市场、私募基金、产业投资基金等对能源企业融资的支持作用，实现多元化融资方式。

最后，应积极完善国内相关制度，如价格改革、放松管制等。以国内改革促进能源企业竞争力的增强，以便更好地参与国际竞争。目前，我国能源价格形成机制还存在诸多问题，如煤炭电力之间价格联动机制的完善、成品油与国际接轨方式以及天然气价格改革等。这些问题如果不能得到很好的解决，将成为制约我国能源企业持续发展的重要阻碍，应引起政府的重视。

[①] 刘铁男：《十二五时期将构建现代能源产业体系》，http://finance.ifeng.com/stock/roll/20120702/6691464.shtml。

二　重视能源期货市场建设的战略意义，有效控制能源价格波动风险

由于进口依存度的提高，国际能源价格剧烈波动将极大地冲击中国经济增长。一方面石油价格上涨会推高生产成本，制约经济增长动力；另一方面石油价格上涨将加剧国内价格总水平的波动，蕴涵通货膨胀危机。研究表明，石油价格上涨后，与石油相关的行业成本都会增加，对化肥、运输、航空等上市公司都会产生明显的负向影响。[①] 以乙烯生产为例，每吨乙烯约需3.3吨石脑油、0.7吨燃料油，若每桶原油价格上涨10美元，则每吨乙烯的成本增长近300美元，合2300元人民币。沈中元（2004）[②] 发现，国际石油价格上涨对中国的 CPI、WPI 和 GDP 平减指数等物价总水平指标的影响是逐年增加的。物价总水平的变动对国内的投资、消费领域将产生重要影响。同时，生产成本的上升和物价总水平的变化也会影响国内的工资和就业水平，进而影响可支配的收入，从而进一步制约经济的增长。据中国有关部门测算，国际油价每桶增加1美元，将影响中国进口用汇46亿元人民币，直接影响中国 GDP 增长 0.043 个百分点。

目前中国还不具备主导国际能源价格形成的能力。为维护国家经济安全，中国应一方面积极运用金融工具，平抑价格剧烈波动的风险，减少不确定性；另一方面应有步骤、有秩序地发展能源金融市场，提高价格承受能力，逐步参与国际市场定价。

今后应稳步推进能源金融衍生品市场的发展，逐步形成科学合理的能源价格形成机制，优先发展石油期货等简单的能源金融衍生品。限制能源金融衍生品创新速度，严格监管对冲基金、机构投资者在能源金融市场的投资行为。中国正在积极推动的原油期货交易市场建设是积极的信号。但是，这些交易所在金融产品创新、信用评级、风险监督等方面的能力仍有待提高，还难以形成反映中国能源供需情况、具有前瞻性的价格形成方

[①] 曹新：《国际油价变动趋势和中国石油安全问题研究》，《经济研究参考》2007年第60期，第4～10页。

[②] 沈中元：《原油价格对中国物价的影响》，《国际石油经济》2004年第11期。

式。今后，中国组建能源金融交易所的重点在于制度建设和完善，并辅助以能源战略储备水平的提高，才能逐步形成有国际影响力的价格标杆。

同时，将能源金融发展与国内能源市场改革有效结合起来，逐步打破垄断、引入竞争，完善能源市场建设。坚持能源价格形成机制市场化方向，实现能源的完全成本核算，探索国内外市场有效接轨方式，以内部改革带动能源产业整体发展。

三　稳步推动人民币汇率改革，探索"石油人民币"改革模式

正确认识人民币国际化过程中的困难和面临的外部挑战，谨慎开放资本项下，稳步推动人民币国际化。虽然美元作为能源等大宗商品定价的计价货币和结算货币存在诸多问题，但是任何单一货币都难以避免这一困境。若探讨多元计价和结算货币的可能性，将增加更多的中间环节交易成本，产生更大的交易风险和损失。

目前国内外探索的"石油人民币"改革和其在局部区域的成功经验，可以作为我国积极参与国际能源贸易和定价的信号。但是其改革的过程需谨慎地推动，改革目标不能定位于替代美元。

现阶段，人民币尚不能承担计价和结算两项功能，若以外币计价、人民币结算，那么将难以避免由汇率问题带来的结算风险。石油人民币改革不应成为伊朗模式的简单推广。应认清伊朗接受人民币为交易货币的特殊历史条件和背景。应针对国际能源交易的企业与国家的不同特点和要求，采取差别化的政策措施。

四　积极发展能源金融，确保能源的可获得性

中国能源需求上升速度较快，能源对外依存度不断上升。2011 年，中国累计进口原油 2.5 亿吨，同比增长 5.5%；进口贸易额 1951.3 亿美元，同比增长 44.6%。2011 年，中国累计进口天然气 2258.1 万吨，同比增长 89%；进口贸易额 104.2 亿美元，同比增长 159.9%。中国油气资源进口贸易额合计 2055.5 亿美元，占行业进口贸易总额的 47.3%。

维护经济增长所需的能源供给量，要求中国增强统筹国内和国外两个

市场的能力。一方面要立足国内能源优势，增加能源供给的自给能力；另一方面要积极寻求能源国际合作，安全、高效地利用国际市场。这两个目标的实现依赖金融资本的有效供给和金融服务水平的提高。

为此，应逐步优化能源投融资机制。科学选择资金投向，使金融资金与产业结构升级有效结合，避免资金流向低水平重复建设领域。增加创投投资基金、风险投资基金等在能源行业中的投资比重，充分发挥产业投资引导基金的指导作用。投资重点既重视设备制造业和开采业，也要重视对先进技术的研发，促进先进的能源生产和开采技术向生产力的转化。

同时，应逐步试点矿山的勘探权、开采权、承包经营权抵押融资制度。完善相关法律制度，逐步在能源行业中引入竞争，积极鼓励民间资本投向能源行业。

在利用国际市场的问题上，应谨慎选择能源资源海外投资区域、投资规模和合作方式等。中国主要的投资方向是非洲、中东地区，如 2011 年，中国原油进口主要来自沙特阿拉伯、安哥拉和伊朗，从三国累计进口原油1.1 亿吨，同比增长 3.7%，进口贸易额 855.2 亿美元，同比增长 41.8%，占中国原油进口贸易额的 45% 左右。其中，自伊朗进口原油 2775.7 万吨，同比增长 30.2%，占原油进口总量的 11%。这些地区存在一定的政治风险和投资风险，应引起广泛关注。

同时，从长期来看，中国对海外能源市场的利用应与国家经济增长方式和产业结构转型结合起来。据李众敏、何帆（2006）的估计，中国的石油进口中有大约 20% 以上是为其他国家进口的。[①] 如不转变这种发展方式，将使得中国的经济利益与风险控制不相符。

五　将能源金融需要与经济、法制、行政等多种方式配合，协调发挥作用

能源金融是国家货币政策、汇率政策等改革的平台。从美国等发达国家经验来看，能源金融是国家实现经济利益的重要手段。通过对能源金融

---

① 李众敏、何帆：《中国能源再出口问题分析》，《国际经济评论》2006 年第 11～12 期。

发展规则的制定，国家不仅能获得能源供给的实际利益，也能获得虚拟经济利益。以能源金融的发展推动人民币国际化进程，是能源金融发展的重要内容。

能源金融对能源产业的推动作用需要合理引导。从发达国家的经验来看，能源金融的发展是市场驱动的，一方面是推动能源产业发展的动力；另一方面也存在滞后性、盲目性等特点。能源金融的发展需要国家经济、行政和法制手段的协助，才能合理、科学地发挥作用。这就使得中国要进一步完善发展投资基金、金融衍生品创新等工作的法律建设。以税率、利率、补贴等方式鼓励和规范能源金融的发展。

六 谨慎发展碳金融

2012 年之后，国际碳金融市场发展趋势不确定性增强。中国应根据自身的实际情况，谨慎发展碳金融和相关衍生品市场。中国目前的工作重点应是在国际谈判中，形成符合中国经济发展特征、有利于可持续发展的国际减排纲领性文件。后京都议定书时期，国际联合减排的法律性文件应继续体现中国等发展中国家与发达国家的有区别的义务。弥补京都议定书有关 CDM 项目规定的缺陷。应尽快建立发达国家向发展中国家输出资金和技术的持续、稳定的通道，鼓励发展中国家建立稳定的减排机制。

同时，参照欧盟碳排放权交易的运行经验，积极推动中国碳金融产品的创新，发展碳排放权现货交易和期货交易市场，探索参与国际碳交易定价的途径和方法。

参考文献

[1] 佘升翔、马超群、王振全、刘岚：《能源金融的发展及其对中国的启示》，《国际石油经济》2007 年第 8 期。

[2] 刘传哲、何凌云、王艳丽；何丽娜：《能源金融：内涵及需要研究的问题》，《中国矿业大学学报》（社会科学版）2008 年第 9 期。

[3] 林伯强、黄晓光：《能源金融》，清华大学出版社，2011。

［4］白钦先、常海中：《关于金融衍生品的虚拟性及其正负功能的思考》，《财贸经济》2007 年第 8 期。

［5］张宇燕、管清友：《世界能源格局与中国的能源安全》，《世界经济》2007 年第 9 期。

［6］李众敏、何帆：《中国能源再出口问题分析》，《国际经济评论》2006 年第 11 ~ 12 期。

［7］王雪磊：《后危机时代碳金融市场发展困境与中国策略》，《国际金融研究》2012 年第 2 期。

［8］李忠民、邹明东：《能源金融问题研究评述》，《经济学动态》2009 年第 10 期。

［9］高鸿：《金融在能源产业发展中的路径选择》，《经济师》2005 年第 11 期。

［10］刘贵生：《金融支持西北能源产业可持续发展的战略选择》，《中国金融》2007 年第 13 期。

［11］付俊文、赵红：《控制能源金融风险的对策研究》，《青海社会科学》2007 年第 2 期。

［12］A. Derrick, Financing for renewable energy, *Journal of Renewable Energy*, 1998, vol. 15, pp. 211 – 214.

［13］Klaus Rave, Finance and banking for wind energy, *Journal of Renewable Energy*, 1999, vol. 16, pp. 855 – 857.

［14］Joy Dunkerley, Financing the energy sector in developing countries, *Journal of Energy Policy*, 1995, vol. 11, pp. 929 – 939.

［15］J. P. Painuly, H. Park, M. – K. Lee, J. Noh. Promoting energy efficiency financing and ESCOs in developing countries: mechanisms and barriers, *Journal of Cleaner Production*, 2003, vol. 11, pp. 659 – 665.

［16］Gerald Pollio, Project fnance and international energy development, *Energy Policy*, Vol. 26, No. 9, pp. 687D 697, 1998.

［17］Masters M. W. , "Testimony before the Committee on Homeland Security and Governmental Affairs", United States Senate, 2008 – 5 – 20.

［18］Engdahl F. W. , "Perhaps 60% of today's oil price is pure speculation", *Globe Research*, May 2, 2008.

［19］Greely D, Currie J. , "Speculators, index investors, and commodity price", Goldman Sachs, 2008 – 06 – 29.

［20］Giulio Cifarellia, Giovanna Paladino, "Oil price dynamics and speculation: A multivariate financial approach", *Energy Economics*, 2009, doi: 10. 1016/j. eneco. 2009. 08. 014.

［21］D. Lautier and Y. Simon, Energy Finance: The Case of Derivative Market, DRM-Finance, CNRS UMR 7088, 27/04/2009.

［22］J. Bielecki, Energy Security is the Wolf at the Door? *The Quarterly Review of* Economics and Finance, 2002, vol. 42, pp. 235 – 250.

[23] Hamilton, J. D. , "Oil and the Macroeconomy since World War II", *Journal of Political Economy*, Vol. 91, No. 2 (1983), pp. 228 – 248.

[24] Gisser, M. and Goodwin, T. H. , "Crude oil and the macroeconomy: Tests of some popular notions", *Journal of Money, Credit, and Banking*, Vol. 18 (1986), pp. 95 – 103.

[25] Sill, K. , "The macroeconomics of oil shocks", *Federal Reserve Bank of Philadelphia Business Review*, Vol. 1 (2007), pp. 21 – 31.

[26] Giu lio Cifarellia, Giovanna Paladino, " Oil price dynamics and speculation: A multivariate financial approach", *Energy Economics*, 2009, doi: 10. 1016/j. eneco. 2009. 08. 014.

[27] Harold Hotelling, "The Economics of Exhaustible Resources", *The Journal Political Economy*, Vol. 39, No. 2. (Apr. , 1931), pp. 137 – 175.

[28] Schwarz T. V. and Szakmary A. C. , "Price discovery in petroleum markets: arbitrage, cointegration, and the time interval of analysis", *J. Futures Mark*, Vol. 14, No. 2 (1994), pp. 147 – 167.

[29] Silvapulle P. and Moosa I. A. , " The relationship between spot and futures prices: evidence from the crude oil market", *J. Futures Mark.* Vol. 19, No. 2 (1999), pp. 175 – 193.

[30] Hammoudeh S. M. , Li H. and Jeon B. , " Causality and volatility spillovers using petroleum prices of WTI, gasoline, and heating oil in different locations", *N. Am. J. Econ. Finance*, Vol. 14, No. 1 (2004), pp. 89 – 114.

[31] Hammoudeh S. M. andLi H. , "The impact of the Asian crisis on the behavior of US and international petroleum prices", *Energy Econ*, Vol. 26 (2004), pp. 135 – 160.

[32] Coppola A. , "Forecasting oil price movements: exploiting the information in the future market", CEIS Research Paper from Tor Vergata University, CEIS, 2008.

[33] Atilim Murat and Ekin Tokat, "Forecasting oil price movements with crack spread futures", *Energy Economic*, s Vol. 31, No. 1 (2009), pp. 85 – 90.

[34] Mast ers M. W. , "Testimony before the Committee on Homeland Security and Governmental Affairs", United States Senate, 2008 – 5 – 20.

[35] Eng dahl F. W. , "Perhaps 60% of today's oil price is pure speculation", Globe Research, May 2, 2008.

[36] Greely D, Currie J. , "Speculators, index investors, and commodity price", Goldman Sachs, 2008 – 06 – 29.

[37] Gi ulio Cifarellia, Giovanna Paladino, " Oil price dynamics and speculation: A multivariate financial approach", *Energy Economics*, 2009, doi: 10. 1016/j. eneco. 2009. 08. 014.

[38] Krugman P. , "Oil and the Dollar", in Jagdeeps, Bahandari, Bulfordh, Putnam eds. , Economic Interdependence and Flexible Exchange Rates. MIT Press, Cambridge, MA.

1983.

［39］Amano R. A. and S. van Norden, "Oil prices and the rise and fall of the US real exchange rate", *Journal of International Money and Finance*, Vol. 17 (1998), pp. 299 – 316.

［40］Christian E. Weller and Scott Lilly, "Oil Prices Up, Dollar Down-Coincidence?", Center for American Progress, November 30, 2004.

［41］Cheng K. C., "Dollar depreciation and commodity prices", in IMF eds. World Economic outlook, International Monetary Fund, Washington D. C. 2008, pp. 72 – 75.

［42］Andreas Breitenfellner and Jesus Crespo Cuaresma, "Crude oil prices and the Euro-dollar exchange rate: a forecasting exercise", Working Papers in Economies and Statistics, University of Innsbruck, 2008.

［43］Chen, Kenneth Rogoff and Barbara Rossi, "Can exchange rates forecast commodity prices?", Working Paper, Harvard University, 2008.

第四章　能源价格波动影响
及风险控制

　　能源供应危机与风险主要体现在供应中断、价格暴涨、环境影响三个方面。环境影响和供应中断从经济学的角度来看，均可以通过价格的变化反映出来。随着经济的全球化，更多的人认为能源进口比例高并不可怕，最主要的风险是进口价格过高。近年来，国际石油期货价格对石油现货价格的影响越来越大，期货价格可以完全脱离实物供给量与需求量，国际石油市场的操作已演变成金融操作，国际石油价格已不仅仅是石油产品的价格，在一定程度上已成为国际金融市场的一个重要组成部分。国际石油价格的变动可以更加频繁，而且可能对实物供需关系的放大作用越来越强。

第一节　能源价格波动对国民经济的影响

一　石油价格波动对宏观经济的传导渠道

　　目前，学术界已普遍认同石油价格对宏观经济存在一定影响，但主要争论来自石油价格冲击影响的程度以及对宏观经济的传导渠道。在实证研究方面，重要的贡献有 Hamilton（1983，1996，2005，2009），其利用经验数据证据表明，石油价格冲击是造成美国经济衰退的主要因素。然而，这种石油价格增长与经济衰退存在因果关系的结论，遭到很多学者质疑。特别是 Hooker（1996）发现自 1980 年后，石油价格的影响随时间的关系已改变，并认为 Hamilton 的结果可能不太适用。此外，Barsky

和 Kilian（2004）也指出石油冲击的影响其实较少，石油冲击本身不足以解释美国 70 年代的滞涨现象。而较为中立的观点是 Bernanke 等（1997）提出的石油价格对美国经济的影响不是来自石油价格变动本身，而是来自紧缩的货币政策，即美联储把石油价格的变动作为其货币政策的一个内生变量，进而导致紧缩政策的出台，也就是所谓的石油价格对于美联储货币政策的内生化。Blanchard 和 Gali（2007）则证明石油冲击对美国国民经济的动态影响随时间的变化明显地减少，并认为主要原因在于美国货币政策有效性提高，此外还和劳动市场价格与工资变动灵活性的增加以及石油生产份额的减少有关。他们的研究具有相当的开创性和政策指引性，其指出在 1984 年之前，原油价格每提升 10%，会导致其后 2～3 年内美国 GDP 降低 0.7% 左右；而在 1984 年之后，这种损失减少到 0.25% 左右。

在理论方面，学者们主要基于实证观察，利用标准模型加以解释，大多数文献中的模型均有一定的能力解释石油价格冲击的属性，及其对宏观经济的影响规模。Rotemberg 和 Woodford（1997）认为美国 70 年代的经济滞涨很难运用石油问题得以解释，他们首先利用不完全竞争的市场结构，解释了高油价对于劳动投入的负面冲击，并认为诸多经济的内生因素都导致美国经济的滞涨，石油价格上涨并非主要原因。Finn（2000）利用完全竞争 RBC 模型演绎了石油行业规模对经济的影响，模型允许变量资本效用来模拟规模，[①] 但模型本身没有建立一种机制深度地分析 70 年代石油价格波动对经济的影响，同时也无法解释 2000 年前后的石油价格波动。Blanchard 和 Gali（2007a）认为从价格加成视角研究石油价格冲击对宏观经济的影响要好于 Finn（2000）等人利用变量资本效用的方法，更能够研究和分析石油与经济的内生关系机制。此外，Brown 和 Yucel（2002）基于当时的研究领域的现状，归纳出原油价格冲击可以通过六个方面对宏观经济运行展开影响（见表 4-1）。

---

① 该文假定资本利用率对应不同的成员投入的数量，而资本折旧率取决于资本利用率。较高的资本利用率不仅意味着较高的能源成本，还有较高的资本折旧率。

表 4 - 1   油价波动影响宏观经济的六大传导机制

冲击效应名称	传导机制
供给冲击效应	油价冲击提高边际生产成本,直接导致生产萎缩
收入转移效应	高油价使购买力从石油进口国向石油出口国转移
通货膨胀效应	油价↑→工业原材料和制成品价格↑→通胀↑
实际余额效应	油价冲击→通胀↑→货币购买力↓→货币需求↑→(若央行不采取扩张性货币政策)市场利率↑→产出↓
产业结构效应	能源与其他要素相对长期价格发生变化,导致产业机构调整,使整体经济支付调整成本。该效应在一定程度上可解释油价冲击对经济影响的非对称性
心里预期效应	因油价的不确定性导致消费者购买耐用品消费需求的延迟,导致需求下降

资料来源：Brown 和 Yucel（2002）。

二   石油价格波动与利率的关系

研究石油价格波动与利率的关系，最早可追溯到 Hotelling（1931）及 Working（1949）的研究框架，即所谓的"Hotelling"法则（见前文讨论）。随后，一些学者的研究表明实际利率与实际石油价格在长期呈正相关关系（Anzuini 等，2010；Arora 和 Tyers，2011；Arora，2011；Belke 等，2010；Frankel，1986；Reicher 和 Utlaiut，2010）。然而，Deaton 和 Laroque（1992）、Slade 和 Thille（2009）从研究石油价格行为的视角认为二者的关系应该反向移动。Frankel（2006）利用线性双变量回归模型，也发现真实利率与真实石油价格呈反向关系，但自 1980 年开始这种关系变得不显著。Frankel 和 Rose（2009）进一步指出，虽然此关系不显著，但也不能利用统计检验的方法得出二者呈正相关的结论。可见，关于长期实际利率与石油价格之间的关系目前尚未有统一的结论。如果将样本拓展到 2006 年后，利率与石油价格的正反向关系将更加难以确定。

三   石油价格波动与汇率的关系

在开放经济学视野下研究石油价格与经济的关系，是目前研究的热点之一。石油价格冲击与汇率的关系主要是研究冲击对于汇率的传导机制，其理论思路主要有三条：贸易条件、财富效应及再分配效应。

（一）贸易条件传导论

该理论认为石油价格由贸易条件决定，石油价格冲击对汇率的传导主要依托贸易条件的改变。这种传导机制不仅作用于石油出口国，也作用于石油价格本身。该理论主要研究发达经济体（如 Backus 和 Curcini，2000）。Tokarick（2008）发现只要非贸易品满足需求随收入增加的基本假定，实际利率的升值就会引发"荷兰病"现象，即具有完全竞争市场特性的非石油出口部门将被石油和非贸易品部门排挤出去（Corden 和 Neary，1982）。

（二）财富效应论

财富效应主要指石油出口国享受由石油价格上涨带来的收入增加。在财富效应的作用下，石油出口国的花费和再投资行为发生改变，并最终影响汇率。利用财富效应解释石油价格与汇率关系的著名文献为 Krugman（1983）和 Golub（1983），他们指出当石油价格上升时，财富从石油进口国向出口国转移，导致经常账户的失衡以及投资组合再分配。相互依存取决于石油进口国的进口以及石油出口国的出口模式，因此，石油进出口偏好决定了国家之间的资本流动。最终，汇率调整使得贸易平衡和资产市场出清。[①]

（三）再分配效应论

面对更大的金融一体化，估值效应（valuation）在 NFA 持续性问题上更为重要（Gourinchas 和 Rey，2007；Ghironi 等，2007）。较大的、持续的外汇冲击很有可能导致不同国家间的财富再分配，分配额取决于他们的净外币头寸（Lane 和 Shambaugh，2010a）。然而，并非所有的国家都满足石油贸易均衡和净外汇头寸之间的正相关。随着石油价格的持续上涨，石油出口国经常积累外汇资产，并倾向于转向"看涨"外汇头寸。[②] 看空外币的石油进口国一般为新兴国家，其大都经历了经常账户赤字，主要通过债券和国际市场借贷进行融资，并通过汇率估值渠道使得外部财富减少。

[①] 举例来说，根据这些模型，在石油价格暴涨的 2002～2008 年，美元的贬值可以被解释为美国更多地依赖于石油进口，美国工业出口相对于石油生产国家的份额本来就较少而且份额逐渐减少，同时石油出口者不使用美元，使其投资组合资产分散。

[②] 实际上，Lane 和 Shambaugh（2010b）基于现在的外汇资产与负债发现，主要的石油出口国有长净外汇头寸，如挪威、委内瑞拉等。尼日利亚是主要的例外，原因是较少的负短头寸约等于 GDP 的 2%。而沙特阿拉伯没有数据，但有理由相信这个国家也有长净外汇头寸。

从实证角度看，没有明显的迹象表明在面对石油冲击时，石油出口国相对于进口国会有系统性的汇率升值，这与理论模型考量下的结论差距较大。De Gregorio 和 Wolf（1994）利用大量的实证研究证明，商品（包括石油）出口国的货币倾向于与商品（包括石油）的价格同移动。Coundert等（2011）回顾了大量的关于实证方面的文献，结论是商品出口国的商品价格与真实有效汇率的长期弹性在 0.5 左右，而该弹性就石油而言较一般商品水平要略小，为 0.3 左右。总之，商品或石油价格与汇率之间的相关性并非在所有国家都存在。Cashin 等（2004）发现只有 1/3 的商品出口国经济体有可能具备这种关系。Habib 和 kalamova（2007）通过调查挪威、沙特阿拉伯和俄罗斯这三个主要的石油出口国，发现这种与石油价格相关的关系只有在俄罗斯成立。另外，也有大量的文献从石油与贸易的角度分国别进行研究，然后再从贸易与汇率的视角讨论石油价格与汇率的关系（Hamilton，2008；Kilian，2009；[①] Lippi 和 Nobili，2009；Barnett 和 Straub，2008）。

四 石油价格波动的成因分析

石油作为全球重要的能源消费品，其价格的冲击对宏观经济的影响一直是学者关注的焦点。方法论主要是基于 VAR 模型，该方法论假设石油为外生价格冲击，并往往将石油价格变动视为经济体的外生变量，其价格冲击的成因往往被人忽视。此外，在研究中，多数学者普遍将其他冲击与石油价格冲击同时研究，在研究石油冲击时只是较为"理想化"地将其他冲击"关闭"（turn off），以独立地考察石油价格冲击对宏观经济体的影响。Kilian（2007，2008，2009，2010）的文章对这种研究石油价格与宏观经济的传统方法论提出了批评，认为经济学家应更关注石油价格冲击的内部成因。Kilian 的研究虽然也基于 SVAR（结构 VAR）模型，但他引入"正负号限制法"等较新的计量技术对冲击与冲击之间的时间和空间的相关性进行了分离，通过研究，Kilian 认为全

---

① Kilian 对研究石油冲击与宏观经济方法有极大的突出贡献，该文除研究美国外还主要研究石油价格对于石油出口国以及主要的石油进口国的外部账户效应。

球石油价格变动（特指实际石油价格的变动）主要来自三种冲击（即石油价格变动背后的影响因素）：①原油供给冲击；②因全球工业产品需求带来的石油价格变动的冲击；③仅限于全球原油市场需求带来的冲击。Kilian 较详细地阐述了第三种冲击，认为第三种冲击是导致石油价格定价机制转移的主要动因，而这种转变（shift）是因更高的"谨慎性需求"引起的。该需求主要源自市场上那些担心未来石油供给的投资者。

第二节 石油价格冲击对中国经济的影响：
基于 DSGE 的实证模拟

一 现有研究的总结

研究石油价格波动与宏观经济运行之间关系的文献可以分为两类：第一类是理论上剖析原油价格冲击影响宏观经济运行的传导机制；第二类是从实证上检验原油价格影响宏观经济运行的性质、规模和国别实践。二者的研究往往互相渗透，区分较为困难，主要原因在于石油价格对宏观经济影响的潜在成因十分复杂。理论也是不断地在实证检验中学习总结，而实证的结果又因为实证研究实验过程中选取的资料来源、数据规模、数据时间跨度以及实证分析方法的差异导致了结论本身差别较大，缺乏一致性。此外，研究该问题的视角往往是基于发达经济体（比如美国和欧洲），而对于新兴经济体的观察研究较少。

从实证角度来看，Rasmussen 和 Roitman（2011）利用完整的 IMF 全球数据库，将石油冲击放置于全球视角，提炼出当前研究中关于原油价格和全球宏观经济发展的六点共识（见表 4-2），并认为高油价对于石油进口国的影响其实并未完全如以往所想的那么差。对于石油进口国而言，石油价格提升 25% 对 GDP 下跌的影响只有 0.5% 或者更少。主要原因在于石油价格对石油进口国的影响并非单一循环，虽然石油价格增加了进口成本，但是由于石油美元循环等原因，进口国分享了外部收益，因而对冲了石油价格上升的负效应。

表 4 – 2 原油价格波动对宏观经济影响的六点共识

事实	内容
事实 1	石油价格与 GDP 倾向于同向移动
事实 2	石油价格与进口倾向于同向移动
事实 3	石油价格与出口试图倾向于同向移动
事实 4	一般而言,石油价格冲击与同期的进口增加额有关联
事实 5	一般而言,石油价格冲击与同期的出口增加额有关联
事实 6	石油价格冲击一般而言同时与 GDP 增加相联系

资料来源：Rasmussen 和 Roitman（2011）。

从理论视角来看，传统的石油冲击与宏观经济的研究主要视石油价格冲击为外生变量，利用 VAR 技术建立基本的宏观经济体运行关系，再将石油冲击过程设置为随机冲击，利用冲击响应方程（Impulse Response Function，IRF）观测石油冲击对宏观经济变量的影响。然而，该思路缺乏对石油冲击成因的研究分析，也使得这种"经济试验"过于理想化。同时，此类研究也忽视了冲击与冲击之间的时间与空间相关性分析。目前该理论较为前沿的研究主要来自 Kilian 等人的研究，其研究更偏重于探讨石油价格冲击背后的成因，Kilian 等人认为油价波动背后的动因可大致归纳为三类：①供给冲击；②工业品全球视野下的需求冲击；③基于石油市场自身需求冲击。第三类冲击实际上是考虑了 20 世纪 80 年代后全球能源金融市场的作用。在能源金融市场的推动下，预防性（谨慎性）需求冲击对于油价波动产生了不可忽视的影响。基于"大稳健"视角，[①] 过去 30 年全球经济的产出波动不断减少，石油价格的冲击对经济的影响随时间的推移已大幅度减弱，预防性需求冲击等需求层面的冲击扮演着对于石油价格波动更为主要的角色，而供给层面的冲击效应已逐步减弱。此外，尽管石油价格与利率的关系在短期内存在一定的逆向关系，但从长期来看这种关系尚不明确，短期的关系是否是一种内生关系值得商榷。一些学者认为

[①] 关于"大稳健"的成因，经济学家一直有两种不同的争论，Blanchard 等（2007a）认为，"大稳健"的成因是因为过去 30 年人类对货币政策以及宏观经济运行有了更深入的了解，导致好的政策出现，而好的政策是产生"大稳健"的一个成因。而 Stock 和 Waston（2003）则认为"大稳健"的出现只是因为"好运气"。

货币政策过度关注油价所导致的历史上的这种短期关系，然而，Kilian 表示怀疑。Kilian 等人认为，如果石油价格冲击是由需求层面产生的，那么货币当局将石油价格视为制定货币政策的内生变量就没有必要，因为需求层面所导致的影响因素完全可以通过经济体内部自身调节。

然而，Kilian 等人的研究缺陷在于其研究主要基于 VAR 模型，关注的是发达的封闭经济体（主要是美国与欧洲），对于汇率等开放经济视角下的石油经济研究不多。而过去的 30 年，全球经济一体化越来越明显，国与国之间的关联度不断增加，石油价格的问题也自然被放在了开放经济体系下加以研究。目前，基于石油出口国与石油进口国贸易投资关联度视角，研究了石油出口国和石油进口国之间的汇率联系，也是该领域一个较新兴的研究热点。目前较为主流的观点[①]有：①没有证据表明在实际石油价格上升时，石油进口国的汇率相对于石油进口国升值；②石油出口国在面临石油需求冲击时，明显地面临升值压力，使得这些国家试图通过增加外汇储备来消除这种冲击。该经济逻辑也适用于一般商品出口国，即石油具有一般商品的商品属性。③石油冲击与股票市场回报率之间的关系较为复杂。该文从一个侧面印证了我们正经历一个全球一体化的大时代，国家经济体联系越来越紧密，不能简单地认为石油价格高企就会带来该国经济的负面效应，而应在一个"大视角"的范围内来考量。例如由于国与国之间的贸易投资关联度，石油价格波动产生了"再次财富分配"效应，使得事前因价格高企而受益的经济体，或在二次分配中再次获利。

本节建立一个简单的封闭经济体下的 DSGE（动态随机一般均衡）模型来说明国际油价对我国宏观经济的影响。DSGE[②] 作为现代宏观经济学的研究方法已越来越多地被经济研究工作者所熟识和认可。然而，目前国内利用 DSGE 框架研究石油经济问题的文献尚不多见。较之传统的基于

---

① 来自 Buetzer 等（2012）的研究。
② 目前，基于 DSGE 框架下的货币政策与财政研究已成为世界多国央行的货币政策制定工具，此外，2011 年诺贝尔经济学奖颁发给汤马斯·撒金特与西蒙斯也是基于二人在 DSGE 宏观经济方法论领域做出的贡献。

VAR 框架下的研究，DSGE 就方法论层面而言，拥有严格的经济学理论基础，并能更准确地模拟现实经济运行。

二　模型的基本假设

假设封闭 DSGE 模型包含三个部门：家庭、中间厂商以及最终厂商。家庭以消费和休闲最大化为其效用函数，并受预算约束。家庭持有债券，享有中间厂商所有权，定期获得中间厂商利润以及获得政府转移支付。中间厂商以资本、劳动力以及原油作为生产投入，产出的产品作为最终厂商的生产投入。经济体内只有一家唯一的最终厂商收购所有中间厂商的产出，并投入生产。最终厂商的产出，按照市场出清条件，满足家庭的所有消费和投资。中间厂商处于完全竞争市场中，是价格的接受者，整个经济体价格满足 Calvo 价格定价模式，即经济体存在价格黏性，在一定时期内只有一定的企业可以重设其产品的出售价格。因本模型是简单的 DSGE 模型，在劳动力市场中，我们假设市场不存在工资刚性，即劳动力市场上，工资价格完全反映市场信息，自由调整。该模型唯一的外生变量是石油价格，即本模型只有一个关于石油价格的冲击方程。[①]

三　基于石油价格冲击下的 DSGE 模型

（一）家庭

$$U_0 = E_0 \sum_{t=0}^{\infty} \beta^t \cdot \left(\frac{C_t^{1-\sigma}}{1-\sigma} - \frac{L_t^{1+\eta}}{1+\eta} \right)$$

$$s.t: \left\{ \begin{array}{l} \left\{ \begin{array}{l} C_t + I_t + (B_t/P_t) \leqslant \\ w_t L_t + r_t K_t + (1+R_{t-1})B_{t-1}/P_t + (1/P_t)\int_0^1 D_{t,i}\,di + (F_t/P_t) \end{array} \right\} \\ K_{t+1} = I_t + (1-\delta)K_t \end{array} \right.$$

---

① 传统的 RBC 模型（第一代 DSGE 模型）一般是假设生产函数包括索洛剩余、资本以及劳动力要素，其中索洛剩余一般被假设为 AR（1）过程，该过程是 RBC 的外生冲击，简称技术冲击。本模型未考虑技术冲击。故在其后的 DSGE log 线性化过程中无需考虑趋势项，简化了化简过程，但这也是本模型的不足之处，在其后的研究中，我们会考虑更多的冲击。

表 4 - 3 关于家庭生产函数的数学符号说明

符号	含义	符号	含义
$C_t\theta = \begin{bmatrix} \theta_{11} & \theta_{12} \\ \theta_{21} & \theta_{22} \end{bmatrix}$	家庭	$D_{t,i}$	由家庭拥有的第 i 个企业获得的利润
L_t	劳动供给	r_t	真实租金成本利润率
P_t	最终品的名义价格	w_t	真实工资率
I_t	投资	σ	消费的风险厌恶系数
B_t	债券价格	η	劳动供给的风险厌恶系数
K_t	资本	δ	资本折旧率
R_t	名义利率	β	折现率
F_t	政府转移支付		

对于以上优化方程取一阶导，得到：

表 4 - 4 优化家庭的效用函数与约束方程的一阶解

FOC * : $\dfrac{\partial \ell}{\partial C_t}$, $\dfrac{\partial \ell}{\partial K_{t+1}}$, $\dfrac{\partial \ell}{\partial B_t}$ 其中 ℓ 表示上述优化方程的拉式算子	
最终结果	$C_t^{-\sigma} = L_t^{\eta}/w_t$
	$C_t^{-\sigma} - e^{-\pi_{t+1}}\beta E_t\{C_{t+1}^{-\sigma}(1+R_t)\} = 0$
	$C_t^{-\sigma} - \beta E_t\{C_{t+1}^{-\sigma}(1-\delta+r_{t+1})\} = 0$

﹡表示 first order condition （一阶最优条件）。

（二）最终厂商

假定经济体内只有一个最终产品生产厂商，并接受中间厂商的产出作为生产要素，且生产方程满足 CES 方程条件：

$$\left.\begin{array}{l} \max\limits_{y_{t,i}}\left\{ D_t = P_t Y_t - \displaystyle\int_{i=0}^{1} p_{t,i} y_{t,i} di \right\} \\[3mm] \text{s. t.} \quad Y_t = \left[\displaystyle\int_{i=0}^{1} y_{t,i}^{\theta} di \right]^{\frac{1}{\theta}} \end{array}\right\} \Rightarrow \left\{\begin{array}{l} y_{t,i} = \left(\dfrac{p_{t,i}}{P_t} \right)^{\frac{1}{\theta-1}} Y_t \\[3mm] P_t = \left(\displaystyle\int_{i=0}^{1} p_{t,i}^{\frac{\theta}{\theta-1}} di \right)^{\frac{\theta-1}{\theta}} \end{array}\right.$$

表 4 - 5 关于最终厂商的所有数学符号说明

符号	含 义
$y_{t,i}$	第 i 个中间厂商生产的中间品
Y_t	最终产品
$p_{t,i}$	第 i 个中间品的价格
θ	$\theta \in (0,1)$, $\dfrac{1}{1-\theta}$ 表示中间品之间的可替代弹性

（三）中间厂商

与一般的 DSGE 模型不同，本节假定中间品是由三个生产要素——资本、劳动以及原油决定的，因此第 i 个中间品的生产方程是：

$y_{t,i} = k_{t,i}^a l_{t,i}^b \phi_{t,i}^{1-a-b}$，则其利润方程是：$Y_{t,i} = p_{t,i} y_{t,i} - \psi_{t,i}$，其对应的成本方程为：$\psi_{t,i} = r_t P_t k_{t,i} + w_t P_t l_{t,i} + P_t^{oil} \phi_{t,i}$。中间厂商需最小化其成本方程，并满足其生产函数，则有以下优化方程：

$$\begin{cases} \min\limits_{r_t, w_t, p_t^{oil}} \psi_{t,i} \\ s.t \quad y_{t,i} = k_{t,i}^a l_{t,i}^b \phi_{t,i}^{1-a-b} \end{cases}$$

解该最优方程得到三个最优解，分别是：

$$r_t = \lambda_{t,i} E_t \left(\frac{a y_{t,i}}{k_{t,i}} \right), \quad w_t = \lambda_{t,i} E_t \left(\frac{b y_{t,i}}{l_{t,i}} \right), \quad p_t^{oil} = \lambda_{t,i} E_t \left(\frac{(1-a-b) y_{t,i}}{\phi_{t,i}} \right)$$

$\lambda_{t,i}$ 表示第 i 个中间厂商的真实边际成本。联合前三式有：

$$\lambda_{t,i} = mc_{t,i} = mc_t = \left(\frac{r_t}{a} \right)^a \left(\frac{w_t}{b} \right)^b \left(\frac{p_t^{oil}}{1-a-b} \right)^{1-a-b} 。$$

真实边际成本不取决于 i，即所有中间厂商面对一样的真实边际成本。

表 4 – 6　关于中间厂商所涉及的数学符号及其相关含义

符　号	含　　义
$y_{t,i}$	第 i 个中间厂商生产的中间品
$k_{t,i}$	第 i 个中间厂商为生产中间品所使用的资本要素
$l_{t,i}$	第 i 个中间厂商为生产中间品所使用的劳动力要素
$\varphi_{t,i}$	第 i 个中间厂商为生产中间品所使用的原油要素
$?_{t,i}$	第 i 个中间厂商的利润
$\psi_{t,i}$	第 i 个中间厂商的成本
$\lambda_{t,i} = mc_{t,i}$	针对于第 i 个厂商的利润最大化（即：成本最小化）的优化方程的拉格朗日算子，也就是第 i 个厂商的影子价格，也等价于厂商 i 的真实边际成本 mc_t
P_t^{oil}	在 t 时刻的石油的名义价格
p_t^{oil}	在 t 时刻的真实石油价格 $p_t^{oil} = P_t^{oil} / P_t$

符　号	含　义
Φ_{t+s}	持有一单位货币在 t+s 时刻折现到 t 时刻的边际价值,也常被人称做"随机贴现因子"(stochastic discount factor),也叫做价格核(Price kernel),在 Calvo 定价模型中需用到,其中 $\Phi_{t+s} = \beta^s \dfrac{U_c(C_{t+s})P_t}{U_c(C_t)P_{t+s}} = \beta^s \dfrac{C_{t+s}^{-\sigma}P_t}{C_t^{-\sigma}P_{t+s}}$
a	CES 生产函数关于资本的因子
b	CES 生产函数关于劳动力的因子

(四) Calvo 定价建模分析

根据 Calvo 的定价思路,中间厂商被认为处于一个垄断竞争市场,产品有一定的差异性。在每一期,任何生产中间品的厂商被认为有 $1 - \gamma$ 的概率重设他们的价格,而 γ 的概率只能保持他们的价格不变。假定 Calvo 定价的最终机制在每个时间点 t 时刻的最优价格为 P_t^*($p_{t,i}^* = P_t^*$ 利用对称假设),则价格 P_t 和其前期的价格 P_{t+1} 的关系是:

$$P_t^{\frac{\theta}{\theta-1}} = (1-\gamma)(P_t^*)^{\frac{\theta}{\theta-1}} + \gamma(P_{t-1})^{\frac{\theta}{\theta-1}} \Leftrightarrow P_t = ((1-\gamma)(P_t^*)^{\frac{\theta}{\theta-1}} + \gamma(P_{t-1})^{\frac{\theta}{\theta-1}})^{\frac{\theta-1}{\theta}} \Leftrightarrow$$

$$1 = (1-\gamma)\underbrace{(\prod_t^*)}_{=\frac{P_t^*}{P_t}}{}^{\frac{\theta}{\theta-1}} + \gamma\left(\frac{1}{\prod_t}\right)^{\frac{\theta}{\theta-1}}$$

而 P_t^* 是利用以下优化方程而求出:

$$\max_{P_t^*} E_t \sum_{s=0}^{\infty} \gamma^s \Phi_{t+s}[P_t^* y_{t+s,i} - \psi_{t+s,i}]①$$

$$\frac{\partial E_t \sum_{s=0}^{\infty} \gamma^s \Phi_{t+s}[P_t^* y_{t+s,i} - \psi_{t+s,i}]}{\partial P_t^*}\Bigg|_{\psi_{t+s,i}=P_{t+s}mc_{t+s}} = 0 \Rightarrow \left\{ \begin{array}{l} E_t \sum_{s=0}^{\infty} \gamma^s \left(\dfrac{\partial \Phi_{t+s}}{\partial P_t^*}\right)[P_t^* y_{t+s,i} - P_{t+s}mc_{t+s}] \\ + E_t \sum_{s=0}^{\infty} \gamma^s \Phi_{t+s} y_{t+s,i} \end{array} \right\} = 0$$

$$\Rightarrow \left\{ \begin{array}{l} E_t \sum_{s=0}^{\infty} \gamma^s \Phi_{t+s}(1-\gamma)(P_t^*)^{1/\theta} P_t^{\frac{-\theta}{\theta-1}}[P_t^* y_{t+s,i} - mc_{t+s}] \\ + E_t \sum_{s=0}^{\infty} \gamma^s \Phi_{t+s} y_{t+s,i} \end{array} \right\} = 0$$

---

① 注意 $\psi_{t+s,i}$ 是名义成本方程。

$$\Rightarrow E_t \sum_{s=0}^{\infty} \gamma^s \Phi_{t+s} y_{t+s,i} P_{t+s} \left[\theta \frac{P_t^*}{P_{t+s}} - mc_{t,i} \right] = 0$$

利用 $P_t = \left[(1-\gamma)(P_t^*)^{\frac{\theta}{\theta-1}} + \gamma(P_{t-1})^{\frac{\theta}{\theta-1}} \right]^{\frac{\theta-1}{\theta}}$，对此方程在其稳态点做泰勒展开得到：

$$\hat{P}_t^* = E_t \left\{ \sum_{s=1}^{\infty} \gamma^s \beta^s \pi_{t+s} \right\} + (1-\gamma\beta) E_t \left\{ \sum_{s=0}^{\infty} \gamma^s \beta^s \hat{m}c_{t+s} \right\}^{①}$$

针对 $P_t^{\frac{\theta}{\theta-1}} = (1-\gamma)(P_t^*)^{\frac{\theta}{\theta-1}} + \gamma(P_{t-1})^{\frac{\theta}{\theta-1}}$ 做一阶泰勒展开得到 $\pi_t = \left(\frac{1-\gamma}{\gamma} \right) \hat{P}_t^*$，其中 π_t 为时刻 t 的通涨。由此，我们可得新凯恩斯主义下的菲利普斯曲线：

$$\pi_t = \beta E_t \pi_{t+1} + \frac{(1-\gamma)(1-\beta\gamma)}{\gamma} \hat{m}c_t$$

（五）石油冲击

我们利用国际原油价格的对数变动率来衡量国际油价对我国宏观经济变量的冲击，其中以 WTI 原油价格作为国际油价的代表。由于 2007 年后爆发的全球金融危机导致我国油价机制的传导可能发生变化，样本时间选取 1984 ~ 2007 年。假定国际油价满足 AR（1）过程，价格的对数收益满足独立同分布过程，为避免伪回归过程出现，我们首先利用 ADF 进行检验。国际油价可近似模拟为 AR（1）过程：$\ln P_t^{oil} = \xi \ln P_{t-1}^{oil} + \varepsilon_t, \varepsilon_t \sim N(0, 0.01^2)$，利用 LM 方法计算得到 $\xi = 0.994$。

（六）市场均衡条件

该 DSGE 的市场出清条件是最终物品的产出等于消费加投资，而且资本、劳动力以及石油市场满足：

---

① 其中凡是含有"^"表示"某变量"减去其稳态值，带上标"~"的"某变量"表示其稳态值，"某变量"的稳态值都是不随时间变化的量，因此这些稳态量都无时间下表。举例：变量 P_t^* 的稳态值是 $\tilde{P}_t^* = \bar{P}^*$，且满足 $\hat{P}_t^* \equiv P_t^* - \bar{P}^*$。

$$Y_t = C_t + I_t, y_{t,i} = \left(\frac{p_{t,i}}{P_t}\right)^{\frac{1}{\theta-1}} Y_t = k_{t,i}^a l_{t,i}^b \phi_{t,i}^{1-a-b}, K_t = \int_0^1 k_{t,i} di, L_t = l_{i,t}^{①}, O_t = \int_0^1 \varphi_{t,i} di$$

（七）所有 DSGE 方程汇总

$$C_t^{-\sigma} = L_t^{\eta}/w_t, \tag{4-1}$$

$$\prod_{t+1} \equiv \frac{P_{t+1}}{P_t} \equiv e^{\pi_{t+1}}, \tag{4-2}$$

$$(R_t + 1) = (r_{t+1} + 1 - \delta) e^{\pi_{t+1}}, \tag{4-3}$$

$$E_t(C_{t+1}^{-\sigma}) = \frac{C_t^{-\sigma}}{\beta[r_{t+1} + (1-\delta)]}, \tag{4-4}$$

$$E_t(C_{t+1}^{-\sigma}) = \frac{1}{\beta(R_t+1)}\left(\frac{P_{t+1}}{P_t}\right) C_t^{-\sigma} = \frac{1}{\beta(R_t+1)} \exp(\pi_{t+1}) C_t^{-\sigma}, \tag{4-5}$$

$$Y_t = C_t + I_t, \tag{4-6}$$

$$y_{t,i} = \left(\frac{p_{t,i}}{P_t}\right)^{\frac{1}{\theta-1}} Y_t = k_{t,i}^a l_{t,i}^b \varphi_{t,i}^{1-a-b}, \tag{4-7}$$

$$K_{t+1} = I_t + (1-\delta)K_t, \tag{4-8}$$

$$mc_{t,i} = \left(\frac{r_t}{a}\right)^a \left(\frac{w_t}{b}\right)^b \left(\frac{p_t^{oil}}{1-a-b}\right)^{1-a-b}, \tag{4-9}$$

$$r_t = a \cdot mc_t \cdot \left(\frac{Y_t}{K_t}\right), \tag{4-10}$$

$$w_t = b \cdot mc_t \cdot \left(\frac{Y_t}{L_t}\right), \tag{4-11}$$

$$\pi_t = \beta E_t \pi_{t+1} + \frac{(1-\gamma)(1-\beta\gamma)}{\gamma}\hat{mc}_t, \tag{4-12}$$

$$\ln p_t^{oil} = \xi \ln p_{t-1}^{oil} + \varepsilon_t, \varepsilon_t \sim N(0, 0.01^2) \tag{4-13}$$

---

① 该方程和资本与原油方程不同的主要原因是,我们的 DSGE 模型假设劳动力市场无工资刚性,劳动供给和需求个体与总体无差异。

（八）稳态方程、参数设定以及相对应的稳态值

表 4 – 7　DSGE 模型的稳态方程

稳态方程	稳态方程
$\tilde{I} = \delta\tilde{K}$	$\bar{C}^{-\sigma}\tilde{w} = \bar{L}^{\eta}$
$\tilde{r} = a \cdot \widetilde{mc} \cdot (\bar{Y}/\tilde{K})$	$\bar{Y} = \tilde{K}^a \cdot \bar{L}^b \cdot \tilde{O}^{1-a-b}$
$\tilde{w} = b \cdot \widetilde{mc}(\bar{Y}/\bar{L})$	$1 - \delta + \tilde{r} = 1 + \bar{R}$
$\bar{P}^{oil} = (1 - a - b)\widetilde{mc}(\bar{Y}/\tilde{O})$	$\bar{Y} = \bar{C} + \tilde{I}$
$\tilde{\pi} = \beta\tilde{\pi} + \dfrac{(1-\gamma)(1-\beta\gamma)}{\gamma}(\widetilde{mc} - \widetilde{mc}) = 0$	$\beta = \dfrac{1}{1 + \bar{R}}$
$\ln\tilde{P}^{oil} = \xi\ln\bar{P}^{oil}$	$\widetilde{mc}_i = \widetilde{mc} = \left(\dfrac{\tilde{r}}{a}\right)^a\left(\dfrac{\tilde{w}}{b}\right)^b\left(\dfrac{\tilde{p}^{oil}}{1-a-b}\right)^{1-a-b}$

表 4 – 8　DSGE 模型的参数设定

参数	取值	参数	取值	参数	取值
σ	0.999	θ	0.8	γ	0.975
η	1	a	0.4	β	0.53
δ	0.03	b	0.3	ξ	0.994

表 4 – 9　DSGE 模型中的稳态值

变量	$\tilde{r}$ [①]	$\tilde{w}$ [②]	$\bar{Y}$ [③]	$\tilde{K}$	$\bar{R}$	$\tilde{I}$	$\bar{C}$	$\bar{L}$
稳态值	0.0351	2.0425	1.0218	9.5271	0.89	0.29	0.73	2.22

注：①根据过去三个月 shibor 利率的数据。

②根据仝冰（2010）博士论文中关于真实工资率的稳态值。

③以后的稳态值可利用表 4 – 8 和给定的稳态真实工资率以及真实利率的值计算出。

（九）数值模拟

利用 Dynare 软件对本 DSGE 模型进行数值模拟，可得出石油价格冲击对我国 GDP、CPI、投资以及消费的影响（见图 4 – 1）。

可见，若国际油价上涨 1%，[①] GDP 将逐步放缓，直到第四期（一年）之后开始恢复。从长期趋势来看，GDP 的变动为零，即石油价格冲击不会对我国经济造成实质影响。面对油价上涨，我国 CPI 会迅速做出反应，

① 该值由式 $\ln P_t^{oil} = \xi\ln P_{t-1}^{oil} + \varepsilon_t, \varepsilon_t \sim N(0, 0.01^2)$ 的信息的标准差 ε_t 决定，即 $0.01 = 1\%$。

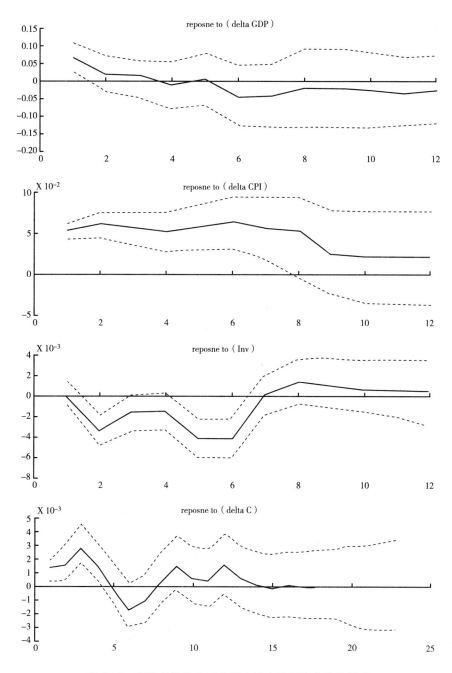

图 4 - 1　石油价格冲击对我国主要宏观经济变量的影响

注：实线表示实际的石油价格冲击引起的宏观变量的反应，虚线表示函数相对于石油价格冲击的 + / - 两个标准差的反应。

上升 5%，其后小幅震动，到第 8 期（两年）后开始回落。但可以看出石油价格冲击对于我国 CPI 是有长期持续影响的，不随时间变化而减弱，最终 CPI 增量保持在 2% 的水平。此外，油价冲击对我国投资影响也较大。从短期看，石油价格上涨会引起我国投资减少，并带来一定震荡，直到第 7 期恢复零水平，其后投资有小幅正增长。从长期看，石油价格波动对我国投资无较大影响。基于本 DSGE 模型，油价上涨对我国消费的影响较为特殊。初期消费水平上升，其后回落，在第 6 期跌入低谷，其后逐步恢复，在第 8 期出现正增长。然而，就长期而言，石油价格冲击对消费水平仍没有较长的持续效应。

本节利用小型 DSGE 模型，将石油作为生产的中间环节（即中间厂商）的生产要素投入，并将其价格视作封闭经济体的外生变量，分析了在这样一个经济体下，石油价格冲击对主要宏观经济变量的影响。与国内普遍利用 VAR 模型分析石油价格冲击对我国宏观经济的影响相比，我们在方法论上有一定的创新，避免了 VAR 缺乏经济学理论基础的不足。我们通过模拟发现，石油价格对我国长期 GDP、投资以及消费水平没有影响，但在短期内有一定的震荡冲击。而石油价格的冲击对我国 CPI 有长期影响，石油价格冲击一旦出现，将推动 CPI 维持在 2% 的增幅水平。[①] 此外，本模型也有很多不足：①我们没有考虑货币当局的影响，也未将货币引入家庭效用方程和约束方程中；②汇率作为一个十分重要的宏观变量，对于我国这样的出口导向型国家，更需要将汇率因素纳入讨论范围中来，而本模型为封闭经济模型，对于汇率等问题未加以很好的考虑；③出于劳动率统计资料的限制，本文未详细考虑劳动力市场的工资价格刚性等问题，也未区分石油部门以及非石油部门的工资差异等问题，而认为劳动力市场为完全出清的无差异市场，这与实际是不符合的。在未来的研究中，我们会进一步深化 DSGE 建模，使其能更符合我国国情。

[①] 目前国内学者专门研究石油价格冲击与 CPI 关系的文章并不多，石油冲击是否对我国 CPI 水平有持续影响，或许这是未来我们研究的方向。

第三节　能源金融市场对能源价格波动的影响

一　能源金融市场内涵

（一）能源金融市场与传统金融市场的区别

与传统金融市场悠久的发展历史相比，能源金融市场起步较晚。直到1983 年，纽约商品交易所才推出 WTI 原油期货交易，但在巨大的市场需求推动下，原油金融市场得到快速发展。随后，纽约商品交易所陆续推出了天然气与电力期货交易，进一步扩大了能源金融市场的交易品种。目前，能源期货交易制度日渐完善，已成为全球金融市场中的重要力量。能源由于其自身实物属性与消费需求，其金融市场与传统金融市场相比存在很大差异（见表 4 - 10），主要表现在以下几个方面。

第一，能源金融市场中的参与者所考虑的驱动因素较多。能源市场中的不同参与者所面对的驱动因素不同，从而影响其市场行为，使其需依靠不同的能源衍生品达到目的。在能源市场中，供给方不仅要关注实际产品的储存与配送，还需关注如何从地下将资源取出，让终端消费者能实实在在地消费能源资产。居民需要能源用于夏季制冷与冬季取暖，而工厂需要稳定的能源供给保障设备正常运转，避免停工造成的损失。与能源金融市场相比，利率及股票市场参与者考虑的驱动因素相对较少，统一分析更为容易。

第二，能源金融市场的价格影响因素众多，价格趋势较传统金融市场更难预测。简单的数量模型已不能模拟能源市场的价格走势。例如，突如其来的海啸、石油开采技术的进步等均对远期价格产生重要影响。石油、天然气、电力等能源的存储限制也是能源现货价格波动的重要原因。其中，由于电力几乎不能存储，电力市场的现货价格波动最为剧烈。由于能源远期价格在短期内主要受存储影响，长期受潜在市场供给影响，导致远期价格的短期走势与长期走势存在较大差异，呈现"人格分裂"（Split Personality）的性质。

第三，能源市场的需求受到存储与气候因素的影响。在能源市场中，便利收益（Convenience Yield）与季节性（Seasonality）是其区别于传统金融市场的重要因素。从工业生产者的角度看，当燃料储备不足时，生产设备将被迫停产，给经营者带来较大的停产损失。而借助能源衍生品合同，储备适量的能源燃料用于保障设备正常运转，降低停产风险，让厂商享受一定的保障收益，就是便利收益。因此，为了稳定生产，一些厂商会倾向于多付出一些溢价，购买当日交割的能源产品。此外，能源产品需求具有季节性特征。不同季节的不同能源需求导致能源价格产生较大波动。如在冬季时，居民通常会消费燃油取暖，此时燃油需求在年内达到高点，而到了夏季时，需求又回落至低点。电力消费因夏季空调的大量使用，需求达到年内最高点，同时，冬季取暖设备的大量开启，也推动需求升至年内第二个高点。而在传统金融市场中，则不存在便利收益问题。金融产品的交割物为纸面或电子票据，储存与配送较为容易，且不受天气影响。

第四，与金融市场高度集聚化相比，能源市场却是高度分散化的。能源市场由于生产者与消费者较为分散，价格依地点而定，各地的能源价格均不相同。尽管生产者与消费者可以通过期货合同购买能源，但期货合同也仅代表指定交割地点的价格，与购买者所在地价格存在一定差异。[1] 因此，分散化导致了能源交易存在"基差风险"（Basis Risk），即由交割地与所在地价差引起的市场风险。

第五，能源衍生品合同比传统金融衍生品合同更为复杂。目前，利率市场的衍生品合同已经有统一的标准，建模分析较为容易。在大多数情况下，用户使用简单的远期（Forward）、互换（Swap）、期权（Option）即可满足其需求。一般而言，这些简单常用的衍生品被称为"单纯"（Vanilla）合同，而更为复杂的、"非单纯"的衍生品被称为"奇异"（Exotic）合同。在能源市场中被看作较为"单纯"的衍生品合同，到了传统金融市场中就变为"奇异"的。能源衍生品合同中，价格平均与定制商品交割均要较金融市场复杂得多，这给风险控制部门带来了诸多挑战。

---

① 在无套利假设下，购买者所在地价格为交割地价格与运费之和。

表4-10　能源市场与传统金融市场差异

	传统金融市场	能源市场
市场成熟度	起步较早	起步较晚
影响价格波动的因素	较少	较多
受经济周期影响	较大	较小
受存储、配送及便利收益影响	不受影响	影响显著
短期与长期价格之间的相关性	较强	较弱
季节性影响	不受影响	对天然气及电力影响较大
市场流动性	较强	较弱
市场集中度	较高	较低
衍生品复杂度	多数相对简单	多数相对复杂

资料来源：作者整理。

（二）能源金融市场研究视角

能源价格波动是能源金融市场的核心内容。在诸多因素的影响下，能源现货价格与远期价格的剧烈波动，使得上游生产厂商与下游消费者的收益受到一定程度的损失。为了规避能源市场的价格风险，能源衍生品被市场参与者广泛利用，由此推动了能源金融市场的发展。本节的研究视角遵从"价格波动-价格风险测算-价格风险防范"这一市场参与者所考虑的路线。通过考察能源现货与远期价格的波动，对能源价格风险进行相关量化与测度，从而进一步提出防范能源价格的方法（见图4-2）。

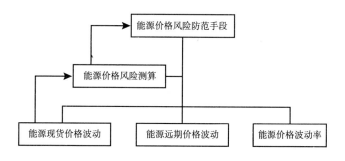

图4-2　能源金融市场研究视角

二 能源金融价格波动模式设定

（一）传统金融价格波动模型——GBM 模型的缺陷

传统金融市场通常用几何布朗运动（Geometric Brown Motion，以下简称 GBM）来描述金融产品的价格波动。然而，由于能源金融市场与传统金融市场存在较大差异，GBM 已不能正确反映能源商品的价格波动趋势。主要原因有以下几点。

第一，能源产品可以用于生产消费。能源金融市场与传统金融市场最大的区别在于能源不能仅被看作是一种"纯金融产品"。能源不仅可用于投资，还可作为原材料用于商品生产或消费。因此，许多缘于金融市场的计量模型与方法不符合能源市场的一些实际状况，一些假设前提不能成立（Routledge、Seppi 和 Spatt，1999）。例如，GBM 假定产品价格不能为负。然而，在能源市场特别是电力市场中，价格为负是经常出现的状况。当发电厂商为了处理过多产能，但没有储存电力的其他办法时，电价可能降为负。

第二，能源产品价格有时会出现"跳跃"（Jump）现象。在能源尤其是电力市场中，当厂商供给弹性较低、市场需求忽然出现大幅波动时，运输和分配系统的刚性及有限的库存会导致价格大幅上升或下降。然而，GBM 模型却不能量化该现象。

第三，长期能源产品价格会收敛至生产成本。GBM 假定金融产品价格会随机游走至不可确定的区间，而这对能源产品而言并不适用。在短期，能源产品价格会背离生产成本波动，产生价差。而从长期看，随着市场中供给的自发调整，价格会逐步收敛至生产成本。随着技术的进步与市场法规的逐步完善，能源产品价格与生产成本之间的价差越来越小。如联合循环燃气轮发电机（CCGT）的广泛使用，电价与其生产原料——天然气价格之间的联系越来越紧密。

第四，在生命周期的不同阶段，能源产品价格波动不同。在远期市场中，存在着所谓的"萨缪尔森假说"，即当远期产品接近到期（Maturity）时，价格波动性会增加。当远期合同接近交割日时，更多的产品信息会被市场参与者获取，从而导致产品交易量的扩大，产生更大的价格波动。

（二）能源价格波动模型——均值反转（Mean Reversion）模型

传统金融市场中的 GBM 模型并不能适用于能源市场。相比之下，均值反转模型能更好地拟合能源现货价格波动（Cortazar 和 Schwartz，1994；Ross，1995）。一般看来，某些市场均会围绕均衡水平上下波动。均衡水平可以是利率、股票收益及商品价格。市场均衡也可被称为历史数据的均值（Mean）水平。市场自发回到其均衡水平的过程被称为"均值反转"。市场中是否存在均值反转，是区别能源金融与传统金融市场的重要因素之一。传统金融市场呈现出较弱的均值反转特征，如利率水平的均值反转与经济周期相关，在短期内特征并不明显。而在能源市场，均值反转特征较为显著。能源价格的均值反转过程衡量了在外部冲击下，市场供给与需求如何回到原有的均衡状态，其速度取决于市场供给方如何应对"特殊事件"及该事件影响消失的速度。干旱、战争及其他"外部冲击"均会造成能源市场供需失调。例如，夏季如约而至的高温推动电价迅速升至原有均衡价格的数倍。然而，高温一般仅能维持数天，当温度逐步回落时，价格也会快速回落至均衡水平。

能源市场中，简单的现货价格均值反转模型为：$dS = \alpha (\mu - \ln S) S dt + \sigma S dz$（Schwartz，1997）。其中，S 为现货价格、均值价格水平、波动率、均值反转速度、时间、随机变量。方程右边第一项为决定项，第二项为随机项。从长期来看，现货价格会收敛到长期均值水平，当现货价格高于长期均值水平时，决定项为负值，价格将反转回长期均衡价格；而当现货价格低于长期均值水平时，决定项为正值，价格将上涨至长期均衡价格。然而，在短期任一时间点上，现货价格并不一定要回到长期价格水平。现货价格可随机发生反向改变，且变化幅度可高于长期均衡价格水平数倍。

三　能源金融价格波动实证研究——以石油为例

鉴于石油已成为世界上交投最活跃的能源商品，本节将以石油为例，利用均值反转模型分别测算 WTI 原油、Brent 原油及中国上海期货交易所交易的燃油现货价格波动状况。

（一）WTI原油现货价格波动模式

纽约商品交易所（NYMEX）分部的WTI轻质低硫原油期货合约是世界上最具流动性的原油交易工具，也是世界上交易量最大的实物商品期货合约。凭借卓越的流动性和价格透明度，此合约被用作主要的国际定价基准。合约的交易单位是1000桶，交割地点设在俄克拉何马州的库欣，这里还有管道通往国际现货市场。此合约可交割在国内和国际市场上交易的多种等级的外国原油，能够满足现货市场上的各种需求。轻质低硫原油不仅硫含量很低，而且能生产出收益相对较高的高价值产品，比如汽油、柴油、取暖油和航空燃油，因而备受精炼商青睐。

选取2005年1月4日至2012年6月11日的WTI原油现货价格数据，[①] 可得出以下结果：dS = 1.43915（4.38346 – lnS）Sdt + 0.404264Sdz。由此可见，2005～2012年，WTI原油的现货均衡价格为 $\bar{S} = e^{4.38346} = 80.11$ 美元/桶，而价格波动率σ为0.404264。通过对该模型进行蒙特卡洛模拟（见图4－3），同样可发现WTI原油现货价格主要在80.11美元附近摇摆，少数轨迹超过120美元或低于60美元。当现货价格偏离长期均衡价格时，其会以1.43915的速度返回均值水平。借助该模型，我们可对2012年6月至2018年的现货价格进行模拟（见图4－4）。

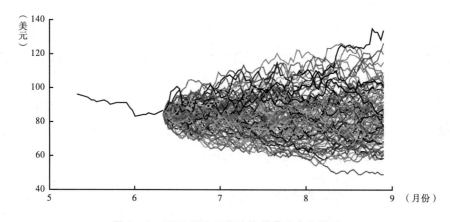

图4－3　WTI原油现货价格的蒙特卡洛模拟

---

① 本节数据均源于Bloomberg数据库。

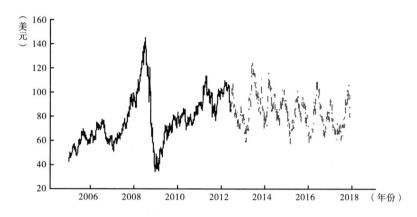

图 4 – 4　2005～2018 年 WTI 原油现货价格模拟

注：2005 年 1 月 4 日至 2012 年 6 月 11 日为历史数据（实线），2012 年 6 月 12 日起为未来模拟数据（虚线）。

（二）Brent 原油现货价格波动模式

1988 年国际商品交易所（ICE）推出从萨洛姆湾提供的符合现行管道出口质量的 Brent 轻质低硫混合油期货，目前已成为仅次于 WTI 的原油交易品种。Brent 原油期货是一种基于期货转现货（EFP）交割的可交割合约，可采用现金结算。

同样选取 2005 年 1 月 4 日至 2012 年 6 月 11 日的 Brent 现货价格数据，可得出以下结果：$dS = 0.96463$（$4.47143 - \ln S$）$Sdt + 0.355787 Sdz$。由此可见，2005～2012 年，Brent 原油的现货均衡价格为 $\bar{S} = e^{4.47143} = 87.48$ 美元/桶，而价格波动率 σ 为 0.355787。通过对该模型进行蒙特卡洛模拟（见图 4 – 5），同样可发现 Brent 原油现货价格主要在 87.48 美元附近摇摆，少数轨迹超过 140 美元或低于 70 美元。当现货价格偏离长期均衡价格时，其会以 0.96463 的速度返回均值水平。借助该模型，我们可对 2012 年 6 月至 2018 年的现货价格进行模拟（见图 4 – 6）。

（三）我国燃油现货价格波动模式

与国外相比，我国能源期货交易市场起步较晚。2004 年，上海期货交易所推出了燃料油（Fuel Oil）期货交易。直至今日，原油商品期货交易仍未推出。燃料油作为成品油的一种，是石油加工过程中在汽、煤、柴油之后从原油

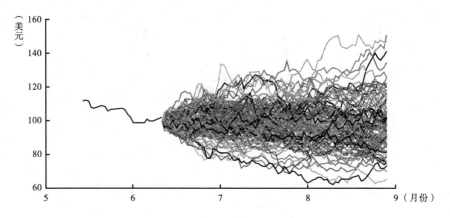

图 4 – 5　Brent 原油现货价格的蒙特卡洛模拟

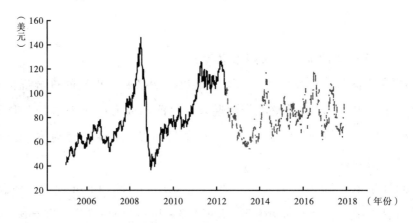

图 4 – 6　2005 ～ 2018 年 Brent 原油现货价格模拟

注：2005 年 1 月 4 日至 2012 年 6 月 11 日为历史数据（实线），2012 年 6 月 12 日起为未来模拟数据（虚线）。

中分离出来的较重的剩余产物。燃料油广泛用于船舶锅炉燃料、加热炉燃料、冶金炉和其他工业炉燃料。上海期货交易所开发的燃料油期货的交割基准品是 180CST 燃料油，该品种是国际上燃料油定价的基准品。一般而言，燃料油与原油价格高度相关，可借其间接考察我国原油价格市场波动。

　　同样选取 2005 年 1 月 4 日至 2012 年 6 月 11 日的上海期货交易所燃料油现货价格数据，可得出以下结果：$dS = 0.96463（4.47143 - InS）Sdt + 0.355787Sdz$。由此可见，2005 ～ 2012 年，上期所燃料油的现货均衡价格

为 $\underset{s}{-}e^{8.37026}=4816.75$ 元/吨，而价格波动率为 0.254378。通过对该模型进行蒙特卡洛模拟（见图 4 - 7），同样可发现燃料油现货价格主要在 4816.75 元附近摇摆，少数轨迹超过 6000 元或低于 4000 元。当现货价格偏离长期均衡价格时，其会以 0.992026 的速度返回均值水平。借助该模型，我们可对 2012 年 6 月至 2018 年的现货价格进行模拟（见图 4 - 8）。

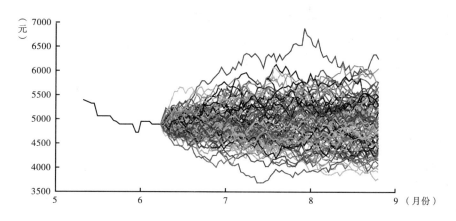

图 4 - 7 我国燃料油现货价格的蒙特卡洛模拟

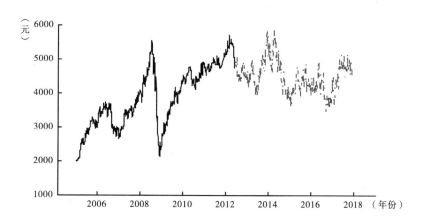

图 4 - 8 2005～2018 年上海期货交易所燃料油现货价格模拟

注：2005 年 1 月 4 日至 2012 年 6 月 11 日为历史数据（实线），2012 年 6 月 12 日起为未来模拟数据（虚线）。

（四）国内外石油现货价格波动比较

通过比较 WTI 原油、Brent 原油与上海期货交易所燃料油现货价格波动情况，可见近年来国内外石油商品现货价格波动较为剧烈，但各商品的波动模式存在一定差异（见表 4 - 11）。作为同样类型的轻质低硫原油，WTI 与 Brent 的均衡价格、价格波动率与均值反转速度均不同。WTI 的均衡价格较 Brent 低，同时价格波动率比 Brent 高，两个市场之间存在一定程度的价差与套利机会。由于 WTI 的均衡反转速度比 Brent 快，WTI 对经济环境的反应更加灵敏，加剧了短期的价格波动。相比之下，我国由于成品油价格管制政策的实行，国内燃料油现货价格呈现出一定程度的黏性，价格波动率较国外低很多。

表 4 – 11　国内外石油商品现货价格波动模式差异

	WTI 原油	Brent 原油	上海期货交易所燃料油
均衡价格	80.11 美元/桶	87.48 美元/桶	4816.75 元/吨
价格波动率	0.404264	0.355787	0.254378
均值反转速度	1.43915	0.96463	0.992026

第四节　能源价格波动防范：基于金融风险管理视角

一　能源价格波动风险测算

20 世纪 70 年代以来，国际市场上原油供给的大幅波动推动油价波动率不断提高，市场参与者需对其面临的能源价格风险敞口做出估算，为其采取相应的防范措施做准备。目前，运用最为广泛的价格风险敞口测算工具主要包括三种：敏感性分析（Sensitivity Analysis）、在险估值（Value-at-Risk，以下简称 VaR）与压力测试（Stress Testing）（见图 4 –9）。

（一）敏感性分析

敏感性分析是在经济评价中常用的一种测度不确定性的方法。在能源市场中，一般测算能源价格波动幅度为 5%、10%、25%、50% 等情况

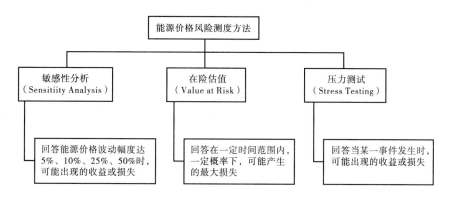

图 4 - 9 能源价格风险测度方法

下，公司资产获得的收益或损失。若能源价格的波动对公司资产组合的收益或损失带来较大影响，则认为该公司的能源价格风险敞口较大。敏感性分析通过可能出现的最有利与最不利的经济效益变动范围的分析，为投资决策者预测可能出现的风险程度。其优点为简单易用，能提供紧急处理方案，但主要缺点在于缺乏正规的市场数据，无法提供可靠的参数变化，同时测算过程仅依托公式，忽视市场的一些客观条件。

（二）VaR

VaR 最早由 JP 摩根的 Risk Metrics 部门提出，已成为被金融机构广泛运用的风险测度工具。某些国家的中央银行也使用 VaR 来检查国内银行所承受的市场风险。VaR 测算的是在某段时间内金融机构在一定概率下发生的最大损失（见图 4 - 10）。假定为给定投资组合在 t 期的市场价值，其概率分布为 P。给定置信区间 α，则 $t_1 - t_0$ 期的 VaR 由下式定义：$P[X(t_1) - X(t_0) < -VaR(\alpha, t_1 - t_0)] = 1 - \alpha$。VaR 用一个数值阐释所有头寸面临的市场价格风险。VaR 法的优点在于其简单好用，易于理解，且回答了风险管理面对的基本问题：最坏情况下能有多大损失？VaR 法只能在给定置信区间内测度风险，若事态超出了该置信区间，VaR 将不能给出合理描述。同时，VaR 将所有影响市场价格的风险因素仅用一数值展现，对风险管理者来说并不充分。一般而言，VaR 的计算公式为：$VaR = \alpha X\sigma$。其中，市值的标准差，需要通过历史数据估计得出。

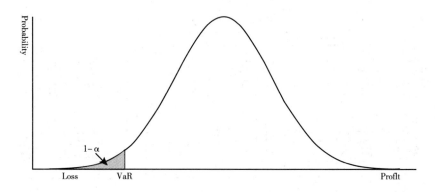

图 4 – 10   VaR 计算原理

资料来源：Risk Metrics Ⓡ。

　　为了更好地说明 VaR 在能源市场的应用，我们根据 2010 年 11 月 1 日
至 2012 年 3 月 30 日 WTI 的现货交易价格数据，利用历史模拟法和 Risk
Metrics Ⓡ法分别计算 VaRs（见图 4 – 11），并以 100 万美元头寸为例观察
其累计损益（见图 4 – 12）。通过计算 10 日内、1% 置信区间下的 VaRs
值，可以推算出当市场参与者持有 100 万美元资产的 WTI 原油时，累计
产生的损益。一般而言，Risk Metrics Ⓡ法比历史模拟法更准确一些，对
市场参与者所处的风险敞口估算会比历史模拟法更高一些。

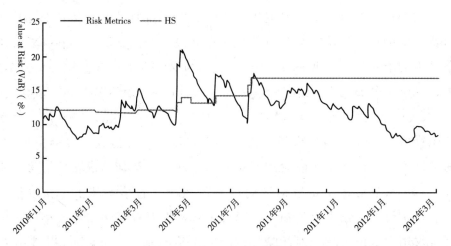

图 4 –11   利用 Risk Metrics Ⓡ* 方法和历史模拟法（HS）计算的 10 日、1%下的 VaRs 值

* 其中该公式有一个自由参数 lemda，在模拟过程中我们设置为 0.94。
资料来源：作者计算。

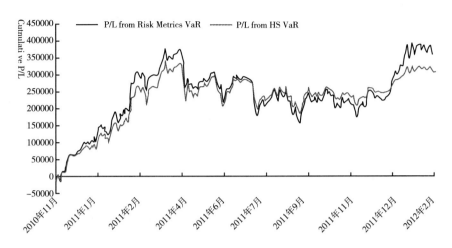

图 4 - 12　两种 VaRs 法下，在持有 100 万美元头寸时，累计的损益额模拟

资料来源：作者计算。

（三）压力测试

尽管 VaR 已成为重要的风险管理工具之一，但 2008 年以来的全球金融危机逐步暴露出其缺陷。VaR 过度依赖于历史数据及不合实际的统计假设。一般而言，VaR 关注的是市场中的"正常"风险，很少考察极端情况或"黑天鹅"事件。为了弥补 VaR 的不足，压力测试的理念逐步被金融业界人士提出，作为 VaR 的补充分析。压力测试考察在极端情况下公司可能出现的损失。自亚洲金融危机及长期资产管理公司（LTCM）倒闭事件以来，压力测试的作用逐步得到金融业界的认同。多国央行已将压力测试视为与 VaR 同等重要的风险敞口测算方法。压力测试提供的信息可广泛用于公司战略决策、资产管理、风险对冲及其他项目中。

压力测试是指将整个金融机构或资产组合置于某一特定的（主观想象的）极端市场情况下，如假设利率骤升 100 个基本点，某一货币突然贬值 30%，股价暴跌 20% 等异常的市场变化，然后测试该金融机构或资产组合在这些关键市场变量突变的压力下的表现状况，看其是否能经受得起这种市场的突变。在进行压力测试时，需设定一些情景，在这些情景下测算可能产生的利润及损失。压力测试根据所采取的情景设定方法，可分为三类：①依托一些历史上出现过的事件设定。例如 1987 年美国股市暴跌，1994 年全球债券市场崩塌，1997 年亚洲金融危机等。在这些情景下，计算如果过往"黑天鹅"事件再现时，可能出现的利润或损失。②分析在实践中被证明有用的情景设定，如模拟股票指数的标准差下降、外汇的波动等对收益的影响。③自动搜索（Mechanical-search）压力测试。该法自动设定一些风险因素变化的路径，估算每条路径下资产的收益或损失，并报告最差情况下的结果（Dowd，1999）。

然而，压力测试也有一些缺陷。首先，压力测试不够客观，其过程过于依赖测试人员的情景设计与建模技术。这给管理人员如何看待测试结果提出了难题。其次，由于压力测试并没有给出事件发生的概率，压力测试的结果较难评估，管理人员难以采取对症下药的措施，着手解决问题。如果所设定的情景发生概率过低，公司并无必要花费较高的成本就此进行预防。再次，压力测试的计算方法目前仍不完善，需要进一步充实论证。最后，压力测试过程难以回溯检查（Backtest）。对于压力测试所提供的信息，其完善性与可信度均难以科学地评估。压力测试的情景也不能根据现实状况判断其是否合理。因此，对于某特定情景下测算出的公司收益与损失，我们无法判断整个计算过程中哪些是正确的，哪些是错误的。近年来，学者们正努力从概率的视角进行压力测试，将压力测试与 VaR 统一起来用于分析公司风险，并取得了一定进展（Berkowitz，1999）。

二　能源价格风险防范手段——能源衍生品

在了解自身所面临的能源价格风险敞口大小后，市场参与者会采取相应手段降低风险敞口。其中，能源衍生品是运用最为广泛的价格风险对冲工具。目前，主要的能源衍生品包括远期、期货、期权（Option）及互换（Swap）等。

（一）远期与期货

一般而言，能源价格风险主要指未来能源价格的大幅波动。因此，远期与期货成为最为直接的防范手段。从基本概念上看，远期与期货较为相似，主要区别在于远期交易发生在场外交易（OTC）市场，而期货交易发生在专业的期货交易所。在能源市场中，期货主要与现货相对，合约双方承诺在将来某一天以特定价格买进或卖出一定数量的标的物（Underlying）（标的物主要为石油、天然气等能源商品）。市场参与者可以利用期货有效地进行套期保值，降低能源价格风险。在实际的生产经营过程中，为避免能源商品价格的千变万化导致的成本上升或利润下降，可在期货市场上买进或卖出与现货市场上数量相等但交易方向相反的期货合约，使期现货市场交易的损益相互抵补。

（二）期权

期权（Option）是在期货的基础上产生的一种衍生性金融工具。在期权交易时，购买期权的一方称作买方，而出售期权的一方则叫做卖方；买方即权利的受让人，而卖方则是必须履行买方行使权利的义务人。期权实质上是在金融领域中将权利和义务分开进行定价，使得权利的受让人可选择在规定时间内进行交易，若买方行使权利，义务方必须履行。期权主要可分为看涨期权（Call Option）和看跌期权（Put Option）。看涨期权的买方有权在某一确定的时间以确定的价格买进一定数量的相关资产；而看跌期权的买方有权在某一确定的时间以确定的价格出售一定数量的相关资产。能源市场中的期权与金融市场中的期权较为相似，只是标的物换成了能源产品。能源市场中期权的使用较为广泛。当厂商对未来价格走势不确定时，购买期货存在一定风险，此时购买期权可弥补期货的不足。若厂商估计未来能源价格将上涨，通过购买看涨期权可锁定未来的价格成本，即使未来价格下跌并低于期权中商定的价格，厂商也可不行使该期权转为购买现货产品。期权给予了厂商多种选择机会，一定程度上减少了价格风险敞口。

（三）互换

能源市场中的互换（Swap）与金融市场中的互换较为相似。最常见的能源商品互换是"固定价换浮动价"，即在一段时间内，对于某一特定能源商品，可按协议中规定的固定价格兑换该商品的浮动价格。互换是一种表外金融业务，并不涉及能源产品的实地交割，交易双方之间进行纯现金的流动。互换协定会提前定义所交易能源产品的数量、久期

（Duration）、固定价格与浮动价格，一般以月、季度或年为单位进行现金交割。互换的购买方以固定价格"兑换"浮动价格，当到期的固定价格高于浮动价格时，资金从购买方流向出售方，交易额为价差与商品交易数量之积；反之，当到期的浮动价格高于固定价格时，资金从购买方流向出售方。目前，主要进行互换交易的市场对象既包括石油公司、航空公司、电力公司、货运公司、化学公司等从事实业的公司，也包括银行、对冲基金等从事虚拟行业的公司。互换可以帮助实业厂商管理他们的能源价格风险敞口：对于石油生产厂商，互换可以让其提供固定价格的商品给消费者；对于石化公司，互换可帮其锁定产品利润；而对于航空公司，互换可帮其锁定成本。互换也可帮助金融类公司获得更大的收益，当价格风险敞口减少后，银行可以提供更有吸引力的融资方案。投资银行、基金公司也可避免交易所的限制，增加资金流动性与获利机会。

三　能源信用风险研究

期货、期权、互换等能源衍生品市场属于"零和博弈"，当交易中的一方取得收益时，另一方必定会遭受损失。因此，能源衍生品能帮助厂商降低价格风险的前提在于交易双方都遵守信用，履行契约。然而，在衍生品市场中，交易双方均有违约的可能，即存在对家风险（Counterparty Risk）。若违约情况发生，衍生品市场将不能发挥其正常职能。信用衍生品与中央清算所的出现，为减少信用违约风险提供了保障。

（一）信用违约互换（Credit Default Swap，CDS）

一般而言，市场中信用等级较高的交易方发生违约的可能性较小，而信用等级较低的交易方违约的可能性较大。如果能由信用等级较高的公司对正在进行的交易进行担保，合同能正常履行的概率就能得到提高。信用违约互换正是这一想法下的产物，目前已成为国外债券市场中最常见的信用衍生产品。在信用违约互换交易中，希望规避信用风险的一方称为信用保护购买方，而愿意承担信用风险、向风险规避方提供信用保护的另一方称为信用保护出售方（主要为银行或保险公司）。购买方将定期向出售方支付一定费用，而一旦出现信用类事件，如当购买方正在进行的衍生品交易发生违约时，出售方将全额支付购买方因违约产生的损失，从而有效规避信用风险（见图 4 – 13）。由于信用违约互换产品定义简单，容易实现标准化，交易便捷，自 20 世纪 90 年代以来，该金融产品在国外发达金融市场上得到了迅速发展。

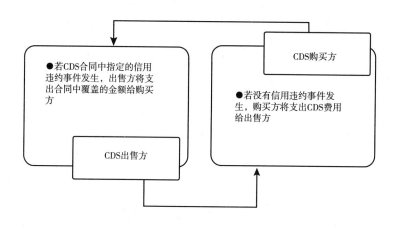

图 4 – 13　CDS 的保障机理

尽管 CDS 能在一定程度上减少信用违约给交易方带来的损失，但 CDS 并没有根除信用风险，其仅为违约风险由信用等级较低的对家转移至信用等级较高的对家，降低违约的发生概率。同时，由于一般都是衍生品合同存在较大信用风险时，交易方才会购买 CDS，因此，CDS 出售方会积累大量有偿付风险的合同，其自身的信用风险敞口也逐步变大。当大量偿付事件发生时，CDS 出售方也因资金流动性不足违约，从而导致双重违约的出现。2008 年全球金融危机中，雷曼兄弟与 AIG 公司的破产均是由 CDS 的偿付压力导致的。为了最小化信用风险，近年来，建立中央清算所的理念逐步被金融界人士提出。

（二）中央清算所（Central Clearing House）

中央清算机制是由某一清算机构充当中央对家，以此提供集中的对家信用风险管理和违约管理服务的清算机制。中央对家是指在交易过程中，以原始市场参与人的法定对家身份介入交易结算，充当原买方的卖方和原卖方的买方，并保证交易执行的实体（见图 4 – 14）。清算中引入中央对家体现出多方面的明显优势。首先，降低系统性风险。中央对家通过统一交易和管理，对市场的交易动态和整体状况都能及时把握，从而提高了监管层对于金融市场运行态势的掌握，有利于从全局防控系统性风险。实际上，2008年金融危机中衍生品暴露的问题恰恰表明，如果缺少有效监管，那么潜在的风险隐患就可能失去掌控，带来的影响难以估量。此外，在中央清算机制下，准入制度、保证金要求和会员资金池管理等中央对家的风险管理机制，分散了单个交易个体的信用风险，有助于将个别的潜在信用事件化解于无形之中。其次，消除对家信用风险。通过中央对家的参与，一笔交易拆分成两笔交易，原始的交易双方都直接面对中央对家，交易过程中交易方无需知道对手是谁，也无需担忧对家的信用资质。在担保交收的机制下，即便是一方违约，中央对家也会承担信用风险，履行义务，与另一方完成交易。这一点正是中央清算机制产生和迅速发展的原始动力。再次，提高市场效率。中央清算机制实施的是净额结算，将交易方的投资品账户和资金账户进行轧差，按照净额进行结算。相对于全额结算，净额结算的规模要小得多，一方面为交易方节约了结算所需的资产和产品，减少了交易方的流动性压力，另一方面也提高了市场的交易和结算效率。最后，降低成本，活跃交易。这一点一是表现在信用成本降低，以中央对家的信用替代真实交易对手的信用；二是表现在交易成本降低，交易所需资金减少，同时交易便捷度的提高也降低了交易过程的成本。在成本降低的同时，中央对家的存在替换了真实的交易对手，使得投资者的交易动态和策略不容易被市场上其他参与方了解，进一步提高了交易的积极性和活跃度。

正是由于中央清算机制在多方面都具有显著优势，因此其很快就从衍生品市场扩展到其他金融市场，并呈现不断扩张的趋势。2008年金融危机之后，市场各方对于建立中央清算所的呼声越来越高。目前众多发达资本市场都建立了较为成熟的中央清算机制。其中，美国已形成多家相关的服务机构，包括美国托管信托清算公司、期权清算公司、芝加哥商业期货交易所等，为美国乃至全球的各大债券、股票和衍生品市场提供中央清算服务。

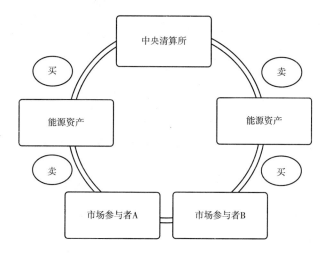

图 4 - 14　中央清算机制

主要参考文献

［1］沃尔特·恩德斯：《应用计量经济学：时间序列分析》，高等教育出版社，2006。

［2］仝冰：《货币、利率与资产价格——基于 DSGE 模型的分析和预测》，北京大学博士论文，2010。

［3］Aastveit, K. A., Modeling transmission of oil price shocks and monetary policy shocks in a data rich environment, mimeo Albert L, Danielsen, and E. B. Selby, "World Oil Price Increases：Sources and Solution", *The Engergy Journal*, Vol. 1. No. 4（Oct., 1980）.

［4］Adelam, M. A., "The World Petroleum Market", Baltimore：Johns Hopkins Press for Resources for the Future, 1972.

［5］Backus, D. K. and M. J. Crucini , "Oil prices and terms of trade", *Journal of International Economics* 50，2000.

［6］Barnett A. and R. Straub , "What drives U. S. current account fluctuations?", ECB Working Paper series No. 959, November, 2008.

［7］Barsky, Robert B., and Lutz Kilian, "Oil and the Macroeconomy since the 1970s", *Journal of Economic Perspectives* 18，2004.

［8］Baumeister, C. and Peersman, G., Sources of the volatility puzzle in the crude oil market, mimeo, Ghent University, 2009.

［9］Baumeister, C., I. van Robays and G. Peersman , "The Economic Consequences of Oil Shocks：Differences across Countries and Time", In Fry, Jones and Kent（eds），

Inflation in an era of relative price shocks, Reserve Bank of Australia, 2010.

[10] Baumeister, C. and Peersman, G. , Time-varying effects of oil supply shocks on the US economy, mimeo, 2011.

[11] Benati, L. and H. Mumtaz, "U. S. Evolving Macroeconomic Dynamics: A Structural Investigation", ECB Working Paper, No. 746 (April 2007).

[12] Berkowitz, J. , "A Coherent Framework for Stress Testing", Manuscript, Board of Governors of the Federal Reserve, July 1999.

[13] Bernanke, Ben S. & Gertler, Mark & Watson, Mark W, "Systematic Monetary Policy and the Effects of Oil Price Shocks", Brookings Papers on Economic Activity, Vol. 28 (1), 1997.

[14] Berument, Hakan M. , Nildag B. Ceylan & Nukhet, "The Impact of Oil Price Shocks on the Economic Growth of Selected MENA Countries", *The Energy Journal*, Vol. 31 (1), 2010.

[15] Blanchard, Olivier, and Jordi Gali , "Real wage rigidities and the New-Keynesian model", *Journal of Money*, Credit, and Banking, forth-coming, 2007a.

[16] Blanchard, Olivier J. & Jordi Galí, "*The Macroeconomic Effects of Oil Price Shocks: Why are the 2000s so different from the 1970s?*", NBER Working Paper No. 13368, National Bureau of Economic Research, 2007b.

[17] Bodenstein M. , C. J. Erceg and L. Guerrieri , "Oil shocks and external adjustment", *Journal of International Economics*, 83, 2011.

[18] Bodenstein M. and L. Guerrieri, "Oil efficiency, demand, and prices: a tale of ups and downs", Board of Governors of the Federal Reserve System, International Finance Discussion Paper No. 1031, 2011.

[19] Brown, S. P. A. and M. K. Yucel, "Energy Prices and aggregate Economic Activity: an Interpretative Survey", Quarterly review of Economics and Finance 42, 2002.

[20] Bruno, Michael, and Jeffrey Sachs, *Economics of Worldwide stagflation*, Harvard Univeristiy Press; Cambridge Massachusetts, 1985.

[21] Cashin, P. , L. F. Céspedes and R. Sahay, "Commodity currencies and the real exchange rate", *Journal of Development Economics*, 75, 2004.

[22] Chen, Y. – C. and K. Rogo, "Commodity Currencies", *Journal of International Economics*, 60, 2003.

[23] Chen, Y – C. , K. S. Rogo and B. Rossi, "Can exchange rates forecast commodity prices?", *The Quarterly Journal of Economics*, 125, 3, 2010.

[24] Chinn, Menzie D. , Michael LeBlanc, and Olivier Coibon, "*The Predictive Content of Energy Futures: An Update on Petroleum, Natural Gas, Heating Oil and Gasoline*", NBER Working Paper No. 11033, 2005.

[25] Cogley, T. and T. J. Sargent, "Drifts and Volatilities: Monetary Policies and Outcomes in the Post WWII U. S. ", *Review of Economic Dynamics*, Vol. , No. 2, 2005.

[26] Corden, W. M. and J. P. Neary, "Booming sector and de-industrialisation in a small

open economy", *Economic Journal*, 92, 368, 1982.

[27] Coudert V. , C. Couharde and V. Mignon , "Does euro or dollar pegging impact the real exchange rate? The case of oil and commodity currencies", *The World Economy*, 2011.

[28] De Gregorio, J. and H. Wolf, "Terms of trade, productivity and the real exchange rate", NBER Working Papers 4807, 1994.

[29] De Gregorio, J. , Landerrechte, O. and C. Neilson , "Another Pass through Bites the Dust? Oil Prices and Inflation", Central Bank of Chile Working Paper, No. 417, 2007.

[30] Dowd, K. , Beyond Value at Risk: The New Science of Risk Management. Chichester and New York: John Wiley & Sons, 1998.

[31] ECB, "Oil Prices and the Euro Area Economy", Monthly Bulletin, November 2004, European Central Bank, 2004.

[32] Edelstein, P. and L. Kilian , "The Response of Business Fixed Investment to Changes in Energy Prices: A Test of Some Hypotheses about the Transmission of Energy Price Shocks", The B. E. *Journal of Macroeconomics*, Vol. 7, No. 1, Contributions, 2007.

[33] Frankel, Jeffrey A. , "Expectations and commodity price dynamics: the overshooting model", *American Journal of Agricultural Economics*, 1986, 68 (2).

[34] Frankel, Jeffrey A. , " The effect of monetary policy on real commodity prices", working paper 12713, NBER 2006.

[35] Ghironi, F. , J. Lee and A. Rebucci, "The Valuation Channel of External Adjustment", NBER Working Paper 12937, 2007.

[36] Golub, S. , "Oil prices and exchange rates", *The Economic Journal*, 93, 1983.

[37] Gourinchas P. and H. Rey, "International Financial Adjustment", *Journal of Political Economy*, Vol. 115 (4), August, 2007.

[38] Habib, M. M. and M. M. Kalamova , "Are there oil currencies? The real exchange rate of oil exporting countries", ECB Working Paper series No. 839, December, 2007.

[39] Hamilton, James D. , "Oil and the Macroeconomy Since World War II", *Journal of Political Economy*, University of Chicago Press, Vol. 91 (2), 1983.

[40] Hamilton, James D. , " This is What Happened to the Oil Price-Macroeconomy Relationship", *Journal of Monetary Economics*, Vol. 38 (2), 1996.

[41] Hamilton, James D. , "What is an Oil Shock?", *Journal of Econometrics*, Vol. 113 (2), 2003.

[42] Hamilton, J. D. and Herrera, M. , Oil shocks and aggregate macroeconomic behavior: The role of monetary policy-a comment, *Journal of Money*, Credit and Banking 36 (2), 2004.

[43] Hamilton, James D. , "Oil and the Macroeconomy" in The New Palgrave Dictionary of Economics, ed. by S. Durlauf and L. Blume, (London: MacMillan, 2006, 2nd ed), 2005.

[44] Hamilton, J. D. , "Oil and the macroeconomy" . In: Durlauf, S. , Blume, L. (Eds.), The New Palgrave Dictionary of Economics Online. Palgrave-Macmillan, London. December 31. http: //www. dictionaryofeconomics. com, 2008.

[45] Hamilton, James D. , "The Causes and Consequences of the Oil Shock of 2007 - 08", NBER Working Paper No. 15002, National Bureau of Economic Research, 2009.

[46] Herrera, A. M. and E. Pesavento, "Oil Price Shocks, Systematic Monetary Policy, and the 'Great Moderation'", Macroeconomic Dynamics, 13, 2009.

[47] Hooker, M. A. , "Are Oil Shocks Inflationary? Asymmetric and Nonlinear Specifications versus Changes in Regime?", *Journal of Money*, Credit and Banking, Vol. 34, No. 2 (May 2002).

[48] Hotelling, Harold, "The economics of exhaustible resources", *journal of political economy*, 1931.

[49] Kilian, L, "A Comparison of the Effects of Exogenous Oil Supply Shocks on Output and Inflation in the G7 Contries", CEPR, 2007.

[50] Kilian, L. , "Exogenous oil supply shocks: how big they are and how much do they matter for the U. S. economy?", *Review of Economics and Statistics*, 90, 2008.

[51] Kilian, L. , "Not all oil shocks are alike: disentangling demand and supply shocks in the crude oil market", *American Economic Review*, 99, 3, 2009.

[52] Kilian, L. A. Rebucci and N. Spatafora, "Oil shocks and external balances", *Journal of International Economics* 77, 2009.

[53] Kilian, L. and Lewis, L. T. , Does the Fed respond to oil price shocks? *The Economic Journal* (forthcoming), 2010.

[54] Kilian, L. , Oil price shocks, monetary policy and stagnation, in R. Fry, C. Jones and C. Kent (eds), Ináation in an Era of Relative Price Shocks, Sydney, 2010.

[55] Kilian, L. and Murphy, D. , Why agnostic sign restrictions are not enough: Understanding the dynamics of oil market VAR models. *Journal of the European Economic Association* (forthcoming) , 2009.

[56] Kilian, L. and Murphy, D. , The role of inventories and speculative trading in theglobal market for crude oil, mimeo, 2011.

[57] Krugman, P. , "Oil and the Dollar", NBER Working Papers 0554, 1983.

[58] Lane, P. R. and J. C. Shambaugh , "The Long or Short of It: Determinants of Foreign Currency Exposure in External Balance Sheets ", *Journal of International Economics*, 80, 2010a .

[59] Lane P. R. and J. C. Shambaugh , "Financial Exchange Rates and International Currency Exposures", *American Economic Review*, Vol. 100 (1), 2010b.

[60] Lee, K. , Ni, S. and R. Ratti , "Oil Shocks and the Macroeconomy: The Role of Price Variability", *The Energy Journal* 16, 1995.

[61] Lippi, F. and A. Nobili , "Oil and the macroeconomy: a quantitative structural analysis", Temi di Discussione No. 704, Banca d'Italia, 2009.

［62］ Mork, K. A. , "Oil and the Macroeconomy When Prices Go Up and Down: An Extension of Hamilton's Results", *The Journal of Political Economy*, Vol. 97, No. 3 (June 1989).

［63］ Mountford, A. and Uhlig, H. , What are the effects of fiscal policy shocks? *Journal of Applied Econometrics* 24, 2009.

［64］ Nourah Al-Yousef, "Economic Models of OPEC Behaviour and the Role of Saudi Arabia", 1998, http: //www. econ. surrey. ac. uk/Research/paper_ archive. html.

［65］ Peersman, G. and I. Van Robays , "Cross-country differences in the effects of oil shocks", mimeo, 2011.

［66］ Peersman, G. and I. Van Robays , "Oil and the euro area economy", *Economic Policy*, 24, 2009.

［67］ Primiceri, G. , "Time Varying Structural Vector Autoregressions and Monetary Policy", *The Review of Economic Studies*, Vol. 72 (July 2005).

［68］ Rasmussen, T. and A. Roitman, "Oil Shocks in a Global Perspective: Are they Really that Bad?", IMF Working Paper WP/11/194, 2011.

［69］ Routledge, B. R. , D. J. Seppi, and C. S. Spatt, "Equilibrium Forward Curves for Commodities", manuscript, Carnegie Mellon University, 1999.

［70］ Sascha Buetzer, Maurizio Michael Habib and Livio Stracca, "Global exchange rate configurations do oil shocks matters?", European Central Bank Working Paper, No. 1442, 2012.

［71］ Tao, Wu, and Michele Cavallo, "Measuring Oil-Price Shocks using market-based information", IMF Working Paper WP/12/19, 2012.

［72］ Tao, Wu and Andrew McCallum, "Do Oil Futures Prices Help Predict Future Oil Prices?" Economic Letter no. 2005 – 38, Federal Reserve Bank of San Francisco, 2005.

［73］ Tatom, J. A. , "Are the Macroeconomic Effects of Oil Price Changes Symmetric?", Carnegie Rochester Conference Series on Public Policy 28, 1988.

［74］ Tokarick, S. , "Commodity currencies and the real exchange rate", *Economic Letters* 101, 2008.

［75］ Uhlig, H. , What are the effects of monetary policy on output? Results from an agnostic identification procedure, *Journal of Monetary Economics* 52, 2005.

［76］ Working, Holbrook, "The Theory and Price of Storage", *The American Economic Review*, 1949, 39 (6).

第五章　中国能源贸易、海外投资
与国际环境

近年来，国际金融危机对全球经济发展产生了广泛深刻的影响，美国、欧盟等经济发达体实施"能源独立"、"再工业化"以及低碳发展战略维持其经济优势。与此同时，危机引发的新一轮全球产业重组兼并促进了科技创新集聚爆发和新兴产业加速成长，以非常规油气和新能源开发技术为代表的能源技术创新取得突破性的进展，直接或间接地影响着全球能源供需格局并推动其进行新一轮的调整。能源贸易与投资在这场格局调整中处于前沿地带。

第一节　中国能源贸易与投资的国际环境

一　近十年全球能源格局的新变化[①]

（一）能源供应格局的变化

1. 拉美和非洲石油产量大幅增长，石油供应格局向多极化方向发展

2000 年以来，中东以外的地区石油探明储量快速增长。石油探明储量上升最快的地区是拉美地区，2011 年探明储量占比为 19.7%，比 2000年提高 11.9 个百分点。其中，委内瑞拉和巴西两国增长最快，分别比2000 年增长 2.86 倍和 77.8%。非洲和欧洲的探明储量也平均增长 40% 以

---

① 本节数据主要是根据《BP 世界能源统计 2012》中的数据计算。

上。2011 年，世界石油探明储量为 1652.6 千百万桶，中东探明储量占全球的 48.1%，仍是全球石油资源最丰富的地区，但与 2000 年相比，中东地区石油储量的份额下降了近 7.3 个百分点。

2000～2011 年，拉美、非洲地区一些国家的石油产量出现爆发式增长，例如，阿塞拜疆、哈萨克斯坦、安哥拉、赤道几内亚、苏丹的石油产量增长都超过了 1.3 倍，其中，阿塞拜疆的石油产量增长了 2.2 倍。中东地区石油产量增长较为平稳。委内瑞拉和巴西的石油产量并未跟随其探明储量同步增长。沙特阿拉伯和俄罗斯是两个超级产油国，两国的石油产量分别占全球的 13.2% 和 12.8%，对全球石油供应的稳定具有重要影响。

随着北非、拉美等石油探明储量和产量的增长，全球对中东地区的石油依赖有所下降，全球已出现多个石油供给中心，第一个中心仍是中东地区。亚洲的石油主要来自中东地区，日本和印度对中东石油的依赖超过了60%，中国有 42% 的石油从中东进口。第二个中心是北美和拉美地区，目前以美加为核心的西半球石油供应圈已基本形成。美国是最大的石油进口国，其进口的石油有 54% 来自邻国。第三个中心是前苏联地区，欧洲进口的石油有 50% 来自前苏联地区。非洲是第四个中心，目前，非洲已成为美国的第四大石油来源地，中国和欧洲的第三大石油来源地。

2. 天然气发展加速，欧洲和北美地区保持领先

目前，全球天然气产业正处于大发展时期，2000～2011 年全球天然气的产量增长了 35.7%，比石油产量增幅高出了 25.3 个百分点。世界天然气资源主要集中在中东和欧洲地区，探明资源储量分别占全球的 38.4% 和 37.8%。全球天然气生产集中度较高，美国是当前世界上最大的天然气生产国，尤其是近十年随着美国页岩气技术的重大突破，美国天然气产量增速比前十年提高了 12.6 个百分点，2011 年美国天然气产量占全球天然气产量的 20%，位居世界榜首。俄罗斯的天然气产量占全球的 18.5%，居世界第二位。而其他国家的天然气产量在世界总产量中的占比基本上都在 5% 以下。

近十年，北美天然气探明储量增长居全球之首，增长了 44%；其次是欧洲，增长了 41%。北美和欧洲天然气探明储量增长分别比全球平均增速高出了 9 个百分点和 6 个百分点。从天然气产量的增长速度来看，中东仍占世界之首。与 2000 年相比，2011 年中东地区的天然气产量增长了 1.5 倍；其次是亚洲，增长了 76%；拉美地区的产量增长了 67%。

3. 亚洲地区的煤炭产量进一步增长，但资源条件劣于欧洲和北美

亚洲是全球煤炭产量最高的地区，其中，中国煤炭产量占全球的近 1/2。近十年来，亚洲一些国家，比如印度尼西亚、越南的煤炭产量增速已超过了中国，进一步增加了亚洲地区的煤炭产量。欧洲和北美具有丰富的煤炭资源，但由于其能源以油气为主，煤炭资源的开采力度不大，与亚洲相比，欧洲和北美不仅煤炭储量多，而且储采比高。

（二）世界能源消费格局的变化

1. 石油消费重心正在转向产油国和发展中国家，中国石油需求增长居各国之首

随着世界经济的发展，全球石油消费中心快速移动。1994 年，北美地区的石油消费量超过了欧洲，2004 年，亚洲的石油消费量超过了北美。近十年来，世界石油消费的区域结构又出现了新变化：一是中东成为全球石油消费增长最快的地区。2000～2011 年，中东地区的石油消费增长超过了亚洲，达到 52.4%，比前十年提高了 12.9 个百分点，而亚洲近十年的石油消费增速则比前十年降低了 17 个百分点，由原来的 149.5% 下降到 132.5%。二是美国的石油消费开始下降。2011 年，美国石油消费比 2000 年减少了 5.7%，比消费最高年 2005 年的消费额减少了 11%。欧洲地区的石油消费进一步下降，石油消费在前十年下降 17.8% 的基础上又下降了 3.4%。三是石油消费增长国以发展中国家为主，且增速超过那些有增长的发达国家。2000～2011 年，中国的石油消费增长了 1.6 倍，位居世界各国榜首，增速比前十年提高了 7.3 个百分点。

2. 天然气消费呈现普遍增长态势，欧美是天然气消费的主要地区

世界各地区的天然气消费量普遍增长，2011 年消费量比 2000 年增加了 33.7%，比前十年提高了 11 个百分点。欧洲天然气消费量占全球天然气消费量的 34.1%，北美和亚洲的天然气消费量分别占全球的 26.9% 和 18.3%。近十年来，中东地区成为全球天然气消费量增长最快的地区，2000～2011 年增长了 1.2 倍，亚洲略微落后于中东，增长了 1 倍。但与石

油和煤炭不同，欧洲、美国等发达国家的天然气消费量近20年一直保持增长态势，天然气在其能源消费中的比重不断提升。由于欧洲和美国的天然气消费规模大，对拉动全球天然气消费增长具有重要作用。除此之外，一些国家如秘鲁、卡塔尔的天然气消费量近十年呈现井喷式的增长，前者增速超过了30倍，后者增速超过了5倍。

3. 欧洲和北美的煤炭消费量依次下降，亚洲多国的煤炭消费量加速增长

自20世纪80年代末，欧洲地区的煤炭消费量开始下降，1990年被亚洲超过，2000年被北美超过。1990~2011年，欧洲地区的煤炭消费量下降40%。而同一时期亚洲地区煤炭消费量增长达到2.1倍。近十年，北美的煤炭消费量也开始下降，但亚洲煤炭消费量仍在加速。中国的煤炭消费量接近全球的1/2，仍保持增长态势。此外，马来西亚、印度尼西亚、越南和孟加拉国的煤炭消费增速超过了中国，进一步拉动亚洲的煤炭需求增长。

（三）发达国家仍然是能源投资的主体，但发展中国家能源投资快速增长

自20世纪90年代起，发展中国家对外投资和流向发展中国家的外资快速增长。2009年全球能源投资的23.8%流向发展中国家，比1990年提高了9.4个百分点，发展中国家对外投资占全球的7.3%，比1990年提高了6个百分点。与发达国家相比，无论发展中国家是作为投资的东道国还是投资母国，对传统化石能源煤炭和石油的投资比例均高于发达国家。发展中国家吸纳的能源海外投资中，石油和煤炭投资占78.34%，电力和天然气投资占21.66%。而发达国家吸收的海外能源投资中，石油和煤炭投资占70.71%，电力和天然气投资占29.29%。发展中国家在能源领域的对外投资中，石油和煤炭投资占89.75%，比发达国家高3.1个百分点；电力和天然气投资占10.25%，比发达国家低6个百分点。

中国吸收的海外能源投资中，煤炭和石油行业的投资占发展中国家同行业的3.37%，电力和天然气投资占发展中国家的34.18%。能源投资占中国对外直接投资的份额达到17.4%，是中国对外直接投资排名第三位的行业。中国煤炭和石油行业对外投资占全球同行业对外投资的2.8%，占发展中国家同行业对外投资的 36%。中国电力和天然气行业对外投资占全球同行业对外投资的 0.83%，占发展中国家同行业对外投资的 17.64%。中国能源投资比例最高的国家是澳大利亚，其次是东盟国家，中国在对美国的直接投资中，能源所占的比例不足 1%。

（四）新能源成为能源投资热点，中国赶超了发达国家

联合国贸发会议发布的《2010 年世界投资报告》显示，流向三大低碳商业领域（可再生能源、循环利用和低碳技术制造）的国际投资增长幅度明显快于其他领域，而且未来低碳国际投资潜力还非常巨大。从深层原因看，这种低碳国际投资的快速增长与世界经济向"低碳化"快速转型的趋势密不可分。世界经济发展历程在历经了 200 年前开始的工业化、20 年前开始的信息化之后，目前正在走向"低碳化"。以信息产业和信息化为核心的上一轮全球经济增长周期已逐渐消退。国际金融危机后，为了带动经济快速复苏，发达国家普遍将以新能源为龙头的低碳经济作为下一轮的经济增长点和发动机。低碳经济发展模式代替不可持续的化石能源发展模式，是不可逆转的历史发展潮流，将加速传统产业转型和新能源产业崛起，是实现产业升级的重要手段，并将成为未来引领全球经济增长的战略性支柱产业。

在上述背景下全球可再生能源领域的投资额呈现高速增长，2004～2011 年，全球新能源投资年复合增长率分别达到 31%。其中，发达国家在可再生能源领域的投资增长了 4 倍，发展中国家同期增长了 10 倍。中国、印度、巴西的可再生能源投资增长领先于其他发展中国家。2004～2011 年，中国和巴西新能源投资的年复合增长率分别达到 57% 和 51%。2011 年，印度新能源产业投资规模达到 12.3 亿美元，比 2010 年增长 62%，成为世界上增速较快的国家之一。

新能源的开发利用是一国经济技术发展水平的重要标志。发达国家利用其技术水平高、经济实力强等先发优势在新能源技术开发及新能源利用方面抢先走在前面。太阳能发电前十位国家，除中国外均是发达国家，合计占全球太阳能发电的 87.4%。风电有一定规模的，除中国和印度外，其余均是发达国家。中国的新能源发展虽然比发达国家起步晚，但发展速度快，目前从发展规模上看已处于世界领先地位。2011 年，中国风电装机量居

全球第一位，占全球装机总量的 26.1%。中国太阳能发电占全球的 4.3%，居第六位。总体上看，中国在新能源领域已与发达国家处在同一阵营。

二　国际金融危机后全球贸易与投资态势

全球性的金融危机自 2009 年爆发以来，对全球各国的经济发展都造成了一定程度的消极影响，世界经济增长速度变缓，全球的金融市场出现动荡，不确定性因素增多，各国开展宏观经济调控的难度大大增加。各国以各种方式刺激本国经济增长，使全球经济出现了一些新形势，对我国的对外贸易和投资产生了一定的影响。

（一）全球失衡加速，中美贸易失衡成为焦点

从一定程度上讲，此次全球金融危机是全球失衡演化的结果。国际货币基金组织曾在 2002 年提出世界经济失衡的说法，2005 年国际货币基金组织正式使用"全球失衡"的概念来描述这一现象，即一个国家存在大量的贸易赤字，与该国贸易赤字对应的贸易盈余高度集中在另一些国家。具体而言，美国的海外净债务剧增、经常项目账户的赤字巨大，美国的贸易盈余主要集中在日本、中国和其他亚洲新兴国家。新兴市场的经济增长过度依赖于对美国的出口，美国通过依赖于新兴市场国家的贸易盈余以维持贸易和国际收支平衡。

金融危机爆发后，全球失衡的问题更加突出和严峻，集中表现为中国和美国之间的贸易失衡。根据美国商务部的统计数据，截至 2012 年 6 月底，美国对华贸易的赤字达到 274 亿美元的历史新高，对 OPEC 成员国的贸易赤字达到 85 亿美元，与欧盟的贸易赤字达到 84 亿美元，与日本的贸易赤字达到 60 亿美元。[①] 可见，美国对华贸易的赤字占全美同期贸易赤字（429.24 亿美元）的 64%，美国和中国之间的贸易失衡已经突出地成为制约中美贸易关系的因素。

（二）贸易保护主义抬头，贸易摩擦频发

在美国贸易赤字日益高企的压力之下，美国不断向掌握其大量贸易盈

---

① Bureau of Economic Analysis：US International Trade in Goods and Services June 2012，www. bea. gov/newsreleases/international/trade/tradnewsrelease. htm，Aug 9，2012.

余的贸易伙伴国家施压，通过实施反补贴、反倾销、贸易救济调查等形形色色的贸易壁垒来保护本国的贸易利益。历史经验表明，世界经济增速放缓和不景气将导致国际贸易保护的加剧和贸易争端的增多。纵观20世纪以来的世界经济发展史，可以发现几乎每次全球性经济危机都会伴随贸易保护主义的盛行；反过来，贸易保护主义又在一定程度上加深和延长了经济危机的深度和周期。由美国次贷危机引发的全球金融危机也导致了世界经济的衰退和全球贸易保护主义的抬头，而且这种冲击仍将持续。

贸易保护主义的加剧对各国出口造成严重打击，贸易摩擦案件明显增多，呈现出一些新趋势、新特点。一方面，体制性贸易摩擦成为新热点。以中国为例，中国与美国、欧盟等国家和地区的贸易摩擦从产品摩擦扩展到产业摩擦、政策性摩擦，包括国民待遇、市场准入问题、标准制度、人民币汇率、知识产权保护、出口管理体制等，直接影响了我国相关产业优势，对产业政策直接形成挑战。另一方面，发展中国家之间的贸易摩擦日渐频繁。2011年，中国出口产品遭遇贸易救济调查67起，发达国家26起，发展中国家41起。[①] 其中，对华反倾销的发展中国家主要为新兴发展中国家。这主要是由于中国与发展中国家的产业结构和出口商品结构相似，在完全竞争的市场格局下，形成发展中国家间或本国内部的低价竞销等恶性竞争。为保护本国相关产业不受损害，发展中国家频繁对华采取各种限制措施。

（三）世界经济形势复杂，整体情绪悲观

欧洲主权债务危机愈演愈烈，美国国债危机和主权信用评级下调，导致欧美社会出现一系列经济、政治、社会问题，也引发国际金融市场的急剧动荡。2011年以来，希腊、爱尔兰和葡萄牙等欧洲国家主权债务危机问题持续恶化，引发金融市场持续大幅震荡。各成员国债务链相互交织、经济联系紧密，随着危机的加深，银行系统和实体经济将很有可能受到拖累。葡萄牙、西班牙等欧洲国家的新发国债收益率再次上升，相关国家信

[①] 《中国连续17年遭遇贸易摩擦最多，被动应战很受伤》，《中国产经新闻报》2012年3月30日。

贷违约掉期指数紧跟攀升，市场恐慌情绪依然存在。

除俄罗斯和印度外，经济合作与发展组织公布的主要成员国的贸易综合先行指数连续 11 个月下降，其中中国和美国指数走势相对平稳，长期看逐渐减缓，巴西、法国、德国、印度、意大利、英国和欧元区整体经济持续放缓，其减缓幅度仍在扩大。贸易先行指数大幅走低与国际市场的贸易状况不佳有很大关系，从这一侧面更可窥见全球经济的不景气。

尽管如此，发达国家经济情绪悲观并没有影响新兴经济体的信心，一些新兴经济体，如俄罗斯、印度尼西亚和南非的经济处于持续扩张中。以出口导向为主的东亚经济体正努力由以出口为导向转向以内需为导向，2012 年新兴经济体的增速虽然较前几年有所下降，但仍然远高于发达经济体。

（四）新兴经济体吸引外资的竞争日益激烈

金融危机对各国外资政策的影响是混合性的，既存在直接影响，也存在间接影响，即通过贷款政策转变的方式间接地影响外资引进政策。总体而言，新兴经济体的投资促进和投资监管是并行存在的，新兴经济体积极参与国际投资协定，外资引进政策的导向趋于推动本国的技术进步和产业结构提升。

尽管贸易保护主义在一定程度上影响了外资的流量，但大多数国家尤其是新兴经济体在外资引进方面都采取开放和促进的政策，只是加强对 FDI 的筛选，严格投资监管。例如，俄罗斯通过修改特别经济区法的方式降低投资门槛，扩大允许外商经营的范围，并通过电力行业的结构改革打破行业垄断，为外国投资者的进入创造了可能。

低碳投资自 2003 年以来一直呈上升趋势，目前已经成为各国吸引外资和对外投资的一个重要趋势。低碳投资大部分发生在发达国家，新兴经济体的投资呈现日益上升的趋势，例如巴西、印度尼西亚、南非等国家都开展了可再生能源的新建投资，印度和土耳其同时发生了可再生能源的跨国并购案例。鼓励外国投资者进入低碳投资领域，一方面为各国寻找新的经济增长点提供了可能，另一方面可以间接地为各国产业升级和技术进步提供客观的政策导向支持。

新兴经济体之间的国际投资协定日益增多，双边投资协定、自由贸易协定等各种形式的国际投资协定的签订使得新兴经济体之间、新兴经济体与区域集团之间的投资合作关系日益密切，也增强了新兴经济体在国际投资格局中的话语权和谈判地位。

（五）中国成为遭遇贸易摩擦最多的国家，出口贸易受到冲击

贸易摩擦案件数量和金额均创历史最高。全球贸易预警组织公布的数据显示，中国是全球受贸易保护措施伤害最重的国家，截至 2011 年底，中国连续 17 年成为贸易摩擦最多的国家。统计显示，最近 12 个月里，中国出口产品遭遇了 100 项贸易保护措施，而自 2008 年以来累计高达 600 项。2009 年以来我国出口产品遭遇了更多的贸易摩擦，涉及的产业不断扩大，发起摩擦的国别也不断增加，这对政府和企业都是新的挑战。

中国产品遭遇的贸易摩擦呈现连锁性特点，钢铁、鞋类、玩具、铝制品、轮胎等中国传统优势出口产品频繁出现一个产品在不同市场遭遇贸易救济调查的现象，呈现出摩擦国别扩大和救济措施叠加的势头。

贸易摩擦从传统市场扩散到新兴市场，受出口地区的扩大以及贸易转移的影响，与中国发生贸易顺差的国家正从以美国、欧盟为代表的发达国家和地区逐渐转向产业结构、贸易结构相近且比较优势趋同的发展中国家。这类国家的外贸依存度均较高，在对国际市场份额进行争夺的过程中，相互之间的贸易摩擦也更趋激烈。以反倾销调查为例，2001～2010 年，中国共遭受 574 起反倾销，占世界反倾销总数的 27%。对中国发起反倾销的国家不仅主要集中在发达国家，发展中国家也为数不少。在中国加入世界贸易组织的 10 年间，美国对中国发起 101 起反倾销；欧盟为 96 起；印度为 137 起，成为对我国反倾销最多的国家；阿根廷为82 起。[①]

贸易摩擦呈现日趋多样化、综合化和隐蔽化的特点，贸易摩擦的形式从反倾销向多种贸易保护手段扩展，除传统的反补贴、反倾销、保障措施外，337 知识产权调查、环保、质量安全、标准、技术性贸易壁垒手段等

---

① 《应对贸易摩擦 中国需"内外兼修"》，中国网，2012 年 3 月 22 日。

成为新热点。贸易摩擦的手段日益趋向隐蔽化，入世以来外国针对我国出口产品的关税壁垒以及许可证、配额等非关税壁垒日益弱化，转而采用更具隐蔽性、针对性、形式合法性的新贸易壁垒。所谓新贸易壁垒，相对于传统贸易壁垒而言，是以技术壁垒、"两反一保"为核心的阻碍国际商品自由流动的新型非关税壁垒。在能源领域，最引人注目的是欧美对我国光伏、风机产业发起的"双反"。

第二节 中国能源贸易规模与贸易对象

一 石油

自中国 2003 年成为石油净进口国以来，石油进口不断增长。2011 年原油出口降至 252 万吨，进口规模增加到 25378 万吨，占当年石油消费量的 57%，净进口 25126 万吨，比上年同期增长 6.34%。2011 年成品油出口规模增至 2570 万吨，比 2005 年增长 83.4%；成品油进口达到 4060 万吨，比 2005 年进口量增长 29.2%（见表 5 - 1）。原油进口增长速度超过成品油。2011 年石油缺口已经超过 2.66 亿吨，对外依赖程度达到 57%。据国际能源署预测，到 2030 年中国石油等能源消费需求将继续保持快速增长态势，供需缺口将进一步扩大。届时，石油等化石能源对外依赖程度将进一步提高，庞大的能源缺口需要依赖海外能源进口弥补。

表 5 - 1 2005 ~ 2011 年中国主要能源品种进出口贸易数量状况

单位：万吨

年份	分 类	原油	成品油	煤炭	焦炭	液化天然气
2011	出 口	252	2570	1466	330	—
	进 口	25378	4060	18240	11.6	1221.5
	净进口	25126	1490	16774	- 318.4	—
2010	出 口	303	2688	1903	335	—
	进 口	23931	3688	16478	11	935
	净进口	23628	1000	14575	- 324	—

年份	分　类	原油	成品油	煤炭	焦炭	液化天然气
2009	出　口	507	2504	2240	54.5	—
	进　口	20365	3694	12583	15.9	553
	净进口	19858	1190	10343	-38.6	—
2008	出　口	416	1703	4543	1221.3	35
	进　口	17888	3885	4040	0	334
	净进口	17472	2182	-503	-1221.3	—
2007	出　口	389	1551	5317	1530	—
	进　口	16317	3380	5102	0	291
	净进口	15683	1829	-215	-1530	—
2006	出　口	634	1235	6330	1446.8	—
	进　口	14518	3638	3811	0	69
	净进口	13884	2403	-2519	-1446.8	—
2005	出　口	807	1401	7172	1276.4	—
	进　口	12682	3143	2613	0.5	—
	净进口	11875	1742	-4559	-1275.9	—

资料来源：海关总署统计，http：//www. customs. gov. cn/default. aspx? tabid = 400；2011 年《中国能源统计年鉴》。

从地区来看，2011 年中国进口原油的 52% 来自中东地区，22% 来自非洲，超过 11% 来自中亚地区。从国家来分，中国石油进口来源主要集中于沙特阿拉伯、安哥拉、伊朗、俄罗斯、阿曼这五大石油输出国（见表 5－2）。此外，苏丹、伊拉克、科威特、哈萨克斯坦、委内瑞拉也是重要的石油进口来源国。

表 5－2　2010 年和 2011 年中国进口原油来源国前 21 个国家的供应量和金额

单位：万吨，百万美元

年　份	2010 年		2011 年	
国　别	数量	金额	数量	金额
沙特阿拉伯	4465	25538	5028	39009
安哥拉	3938	22749	3115	24809
伊朗	2132	12070	2776	21826
俄罗斯	1524	8882	1972	16316
阿曼	1587	9097	1815	13818
伊拉克	1124	6272	1377	10439

续表

年　份	2010 年		2011 年	
国　别	数量	金额	数量	金额
苏丹	1260	6560	1299	9415
委内瑞拉	754	3572	1152	7237
哈萨克斯坦	1005	5552	1121	8858
科威特	983	5472	954	7343
阿联酋	529	3109	674	5518
巴西	805	4231	671	4883
刚果	505	2791	563	4351
澳大利亚	287	1630	408	3293
也门	402	2428	310	2578
利比亚	737	4463	259	2049
哥伦比亚	200	993	223	1586
阿尔及利亚	175	1133	217	1931
马来西亚	208	1275	177	1433
赤道几内亚	—	176	1448	—
印度尼西亚	139	821	—	—

资料来源：全国海关信息中心，海关信息网：http：//www. haiguan. info/OnLineSearch/TradeStat/ StatComSub. aspx？TID = 1。

二　煤炭

中国是煤炭生产和消费大国。近年来由于国内需求旺盛，煤炭出口规模逐渐减小，进口规模大体上逐年扩大。2005 年中国煤炭净出口 4559 万吨。2008 年受国际金融和经济危机影响，煤炭进出口规模与上年相比出现大幅下滑，出口规模减至 4543 万吨，进口规模减至 4040 万吨。2009 ~ 2011 年煤炭出口量仍持续萎缩，煤炭进口规模开始大幅增长，2009 年出口煤炭 2240 万吨，进口煤炭 12583 万吨，煤炭净进口首次超过 1 亿吨。2011 年中国煤炭进口量持续扩大到 1.824 亿吨，同比增长 10.8%；出口煤炭 1466 万吨，下降 23%；净进口 1.677 亿吨，增长 15.2%。2011 年中国超越日本成为全球最大的煤炭进口国。

1991 年中国焦炭产量跃居世界第一，1994 年焦炭年产量超过 1 亿吨。2000 年中国成为世界最大的焦炭生产国和出口国，焦炭产量 12184 万吨，出口量达到 1519.7 万吨，中国焦炭出口量占世界焦炭贸易量的 60%（见表 5 - 3）。中国焦炭进口量一直较小。2008 年中国焦炭产量总计为 32313.9 万吨，受金融危机影响焦炭出口为 1213 万吨，比 2007 年下降 20.7%；出口总值 58.1 亿美元，增长 90.1%；出口平均价格为 475.8 美元/吨，上涨 1.4 倍。2011 年全国焦炭的产量达 42779 万吨，出口焦炭 330 万吨，同比下降 1.4%；出口金额达 14.87 亿美元，同比增长 7.1%，出口单价 450 美元/吨。

表 5 - 3　2000 ~ 2011 年若干年份中国焦炭平衡表

单位：万吨

项目 ＼ 年份	2000	2005	2006	2007	2008	2009	2010	2011
可供量	10892.3	25184.4	27990.5	29090.1	29994	31961.3	34507.1	—
生产量	12184	26611.7	29768.3	31305.3	32313.9	34244.1	36457.8	42779
进口量	—	0.5	—	—	—	15.9	11	11.6
出口量	1519.7	1276.4	1446.8	1529.9	1213	54.5	335	330
年初年末库存差额	228	- 151.4	- 331.1	- 685.3	- 1098.6	- 2244.1	- 1626.7	
消费量	10840.8	25105.8	27892.8	29168.1	29900.2	31850	33687.8	—

资料来源：根据有关统计整理。

亚洲是我国煤炭进口的主要来源地，2011 年进口来自亚洲的煤炭占全部进口煤炭的 65%；来自澳大利亚的进口煤炭占全部进口煤炭的 17.8%；来自俄罗斯的进口煤炭占全部进口煤炭的 5.8%；来自北美洲的进口煤炭占全部进口煤炭的 5%。印度尼西亚成为我国最大的煤炭进口国，澳大利亚、越南、蒙古、俄罗斯、南非、朝鲜也是我国煤炭进口的重要来源国，自上述国家进口的煤炭占我国煤炭总进口量的 90.8%（见表 5 - 4）。

表 5 - 4　2010 年和 2011 年中国进口煤炭来源国前 22 个国家的供应量和金额

单位：万吨，百万美元

国　　别	2010 年		2011 年	
	数量	金额	数量	金额
印度尼西亚	5478	4346	6470	6348
澳大利亚	3697	5447	3256	5147
越南	1805	1320	2207	1830
蒙古	1659	1014	2015	1594
朝鲜	464	395	1117	1151
俄罗斯	1158	1504	1057	1578
南非	700	690	926	1162
美国	477	763	490	845
加拿大	520	893	450	925
哥伦比亚	378	411	131	155
新西兰	37	72	41	81
马来西亚	15	18	32	37
菲律宾	59	38	15	12
伊朗	1.1	1.6	11	19
韩国	—	—	10	7.5
墨西哥	—	—	6	13
老挝	4.3	1.6	3.4	1.3
莫桑比克	—	—	3.3	4.4
吉尔吉斯斯坦	0.5	0.13	1.1	0.2
缅甸	—	—	0.05	0.013
委内瑞拉	5.5	8.2	—	—
印度	0.03	0.01	—	—

资料来源：全国海关信息中心，海关信息网：http：//www.haiguan.info/OnLineSearch/TradeStat/StatComSub.aspx？TID=1。

三　天然气

2011 年天然气消费量将达 1290 亿立方米，同比增长 20.6%；同期，天然气产量 1010 亿立方米，同比增长 6.9%。据国际能源署预计，2015 年中国天然气需求量将达到 2470 亿立方米，天然气产量为 1370 亿立方

米，净进口量将达到 1100 亿立方米；2020 年天然气需求量将增加到 3350
亿立方米，但产量只有 1850 亿立方米，净进口量将达到 1500 亿立方米；
2030 天然气消费需求量将达到 5350 亿立方米，国内产量将增加到 2640 亿
立方米，净进口规模将超过 2700 亿立方米。

中国液化天然气进口来源国主要是澳大利亚、卡塔尔、印度尼西亚、
马来西亚、尼日利亚、也门、俄罗斯、埃及等国。管道天然气进口目前主
要来自土库曼斯坦、哈萨克斯坦、乌兹别克斯坦三个中亚国家。中国与俄
罗斯的天然气合作项目也正在进行谈判。

石油集中度过高。我国进口的石油主要来自中东和非洲。就中东和非
洲等产油地区本身来看，该地区长期以来政治、经济不稳定，战事频繁，
石油生产和生产设施经常因内乱、战争等因素受到影响和破坏。若发生大
的地缘政治事件，有可能导致石油供应的完全中断，对我国安全进口石油
构成威胁。我国从中东进口的石油主要途经霍尔木兹海峡，80% 的进口原
油要通过世界上最繁忙的马六甲海峡。当前全球最危险的战略通道是霍尔
木兹海峡。每天经此通道出口的原油达到 1600 万桶，占全球原油出口量
的 32%，加上成品油 210 万桶，累计占国际石油贸易的比重近 40%。20
世纪 80 年代"两伊战争"期间，伊朗和伊拉克爆发油轮战，致使船运量
下降 25%，严重影响国际石油贸易。我国石油进口 90% 为海上运输，而
且大都由国外公司承运，并且马六甲海峡海盗猖獗、恐怖分子活跃，该航
道的安全主要依靠美国，潜在风险不容小视。

第三节　中国能源对外投资现状与问题

一　中国能源对外投资的发展

中国对外直接投资在政府"走出去"战略的指引下，投资规模与投
资范围不断增长。自 2001 年以来，年度对外直接投资存量涨了 10 倍有
余，投资遍布 178 个国家和地区，居发展中国家及地区首位，在全球居第
5 位。据商务部统计，截至 2011 年底，中国企业投资设立的境外企业超

过 1.8 万家，分布在全球 177 个国家和地区，对外直接投资存量 4247.8 亿美元，境外企业资产总额接近 2 万亿美元。能源对外投资在中国对外投资中占有较大比例，并受到较大的关注。商务部、国家统计局、国家外汇管理局三部委联合发布的《2010 年度中国对外直接投资统计公报》显示，在 2004～2010 年中国对外投资的存量中，采矿业（主要集中在石油、天然气开采）共计 446.61 亿美元，占海外投资总存量 3172.11 亿美元的 14.1%。其中，2010 年采矿业对外投资额为 57.15 亿美元，占当年海外投资总额 688.11 亿美元的 8.31%。

近年来，我国能源产业在技术研发、设计制造、工程施工、企业管理、资产运营、人才培训等方面的水平快速提高，在油气勘探开发、提高老油田采收率、大型煤矿建设和综合机械化开采、清洁煤、洁洁发电、风电、太阳能、核电、水电、特高压输电等技术、装备制造与项目开发等许多方面达到国际先进水平，已具备参与国际竞争的条件和技术实力，再加上较充足的外汇储备，我国能源"走出去"的能力和实力不断增强，能源国际合作的基础条件和动力日渐增强。目前我国能源海外投资具有以下特点。

（一）石油资源投资占据主要地位

2003～2010 年，煤炭、石油和天然气行业占我国对外直接投资价值的 59%。其中，油气行业对外投资比重最高。2011 年，中石油、中石化、中海油三家企业对外投资达到 300 亿元，比 2010 年增长 25%。三家企业海外油气权益产量达到 8500 万吨。[①] 同时，我国对外投资范围已经扩展到非洲、美洲、中东和拉美地区。中国石油企业海外投资的发展主要可以分为三个阶段。

一是 1993～1997 年的起步阶段。这一阶段主要以承担海外油气田施工作业、老油田提高采收率和运作小项目为主，以积累经验、熟悉国际环境、培养国际化人才为主。

二是 1997～2002 年的成长阶段，主要通过增加储量、扩大产量，形

---

① 《中国企业加快"走出去"步伐》，《经济参考报》2012 年 4 月 9 日。

成了海外资源替补区，并实现了海外发展由投资阶段向生产回收阶段的转变。前两个阶段的能源海外投资基本上全部是传统化石能源类的投资，并且石油类的海外投资占了绝大部分份额。

三是 2003 年以来的快速发展阶段，海外能源投资业务范围由陆地扩展到浅海，由以开发为主扩展到勘探、开发并重，由以石油为主扩展到油气并举，初步形成海外油气勘探开发体系，并且新能源的海外投资开始萌芽和发展。目前，中国能源海外投资已经遍及西亚、北非、南美、东南亚和中亚，石油海外投资以北非、苏丹为中心，并向阿尔及利亚、尼日利亚扩展；在中东以伊朗、也门为主，同时开始增加对科威特、卡塔尔和沙特阿拉伯的投资；在中亚以哈萨克斯坦和俄罗斯为主，也涉及乌兹别克斯坦、吉尔吉斯斯坦和阿塞拜疆；在拉丁美洲则集中在委内瑞拉、秘鲁、厄瓜多尔和哥伦比亚。中国能源海外投资不仅关注获得海外权益储量，也积极向上下游配套产业发展，比如石油投资逐步涵盖了勘探开发、管道运输、炼油化工和油品销售等各个环节。

中国石油企业"走出去"的主体以中石油、中石化、中海油三家国有大型企业为主。除了国际能源贸易以外，我国开拓利用海外能源主要通过以下两个途径：一是参与海外能源勘探开发，增加获得权益油的能力。二是加大与主要产油国的全方位合作，以劳务、建筑承包、基础设施建设等方式换取国外的能源。

加快开发利用海外能源资源是解决我国能源供给不足的必然选择。多年的海外油气勘探开发实践为提升我国海外权益油气产量奠定了较好的基础。参照跨国石油公司在上游勘探开发方面的情况，当前是我国走向海外从事能源勘探开发的有利时机，随着时间的推移，海外油气资源的竞争会越来越激烈。因此，我国海外能源投资企业需要抓住机遇，整体设计，明确目标，加快发展。预计到 2020 年，我国各大石油公司海外权益剩余石油可采储量可能达到 7 亿~10 亿吨，权益油年产量能达到 1 亿吨，大约能占当年石油净进口量的 25%。这对减少石油价格波动对我国带来的经济影响，保障能源供给安全，带动我国技术设备和劳务出口都有着重要意义。表 5-5 是中国各大石油公司 2020 年海外权益油目标。

表 5-5　中国各大石油公司 2020 年海外权益油目标

单位：万吨

公司名称	2020 年海外权益油目标
中国石油天然气集团公司	5000
中国石化集团公司	2000
中国海洋石油总公司	2100
中国中化集团公司	500
合　　计	9600

资料来源：《加强对外合作，扩大我国能源、原材料来源战略研究》，中国财政经济出版社，2007。

（二）电力对外投资增长迅速

近年来，电力对外投资有较大增长，电力公司和输配电公司都积极制定海外发展战略，海外资产从无到有。国家电网于 2008 年成功竞购菲律宾国家输电网 25 年的特许经营权；2010 年，国家电网接管巴西中部及东南部的 7 个输电网的特许经营权项目 100% 的股权；2012 年，国家电网首次成功进入欧洲市场，收购葡萄牙国家能源网公司 25% 的股份，成为该公司的第一大股东，为我国电工装备、电力工程、技术咨询等进入欧洲市场创造了条件。此外，在俄罗斯，中俄 500 千伏直流联网工程也于 2012 年 4 月 1 日投入商业运行。南方电网公司充分发挥独特的区位与地缘优势，加强与大湄公河次区域国家电网的合作开发，广泛开展与越南、老挝、缅甸、泰国等国家的发电项目合作。

发电领域的投资成效更是显著，近期与三峡总公司和中国水电建设集团组成的中方联合体控股建设缅甸萨尔温江流域的龙头电站——孟东水电站（装机容量 630 万～700 万千瓦）。2011 年，中国电建水利水电建设股份公司首个海外投资建设的 BOT 水电站项目——柬埔寨甘再水电站顺利完工并投入商业运行，从此改变了柬埔寨拉闸限电的历史，甘再水电站总装机容量为 19.41 万千瓦，总投资为 3 亿美元，建设期为 4 年，特许经营期为 40 年。甘再项目是中国水电第一个以 BOT 模式进行的境外水电投资项目，也是柬埔寨国内最大的引进外资项目，更是中国 2006 年援柬计划的三大工程之一。甘再项目是中国水电由工程承包向资本运作的经营模式转型的标志性工程，是在与国际接轨的进程中项目管理模式的创新。2012年，华电印尼玻雅两台60万千瓦燃煤坑口电站购电协议签字仪式在印度尼西亚巴厘岛举行，标志着该项目正式进入实施阶段，这是目前中国海外投资建设的最大火电项目。该项目为两台60万千瓦燃煤坑口电站，由中国华电香港有限公司和印度尼西亚国家煤炭公司按55：45的比例投资建设。项目采用BOT模式建设，商业运营期限为25年，年发电量约86亿度。此外，华能集团先后收购新加坡大士能源公司和全球电力公司（Inter Gen）控股股权，并以BOT方式投资建成缅甸瑞丽江一级电站；大唐集团以BOT方式建成缅甸太平江水电站项目，在建柬埔寨斯登沃代水电站和金边－菩萨－马德望输变电工程，并获得老挝150万千瓦水电项目和缅甸550万千瓦水电项目的开发权；华电集团以BOT方式投资建设印度尼西亚阿萨汉一级水电站项目、柬埔寨额勒赛下游水电站项目和印度尼西亚巴淡燃煤电站项目；国电集团获得柬埔寨柴阿润和松博两个水电项目的开发权，并与美国UPC管理集团合作开发7个风电项目，投资总额超过100亿元人民币；中电投集团2007年获得缅甸三大水系恩梅开江、迈立开江及伊洛瓦底江交界处7座梯级电站的开发权，装机规模约2000万千瓦。

（三）新能源对外投资开始起步

根据世界资源研究所（WRI）的统计，截至2010年底，我国一共在12个国家投资了19个陆上风电项目和1个海上风电项目。其中，投资额最大的项目是华锐风电在爱尔兰联合投资的价值15亿欧元的1000兆瓦风电项目。此外，龙源电力2011年收购的加拿大风电项目，总装机规模达到100兆瓦，可满足当地3万居民的生活用电需求。我国的金风科技公司收购全球最早研发直驱永磁风力发电技术之一的德国VENSYS能源公司70%的股权，并在德国、美国等地投资建设生产基地、工厂和研发中心。金风科技公司还向厄瓜多尔Villonaco风电项目提供包括风力发电机组、发电场建设、电网并联等在内的"一站式"服务。中国广东核电集团斥资12.3亿美元收购卡拉哈瑞矿业公司，并计划与阿根廷签订协议帮助其建设核电站。

我国生产的太阳能设备在国际市场上占有很高的份额，目前，世界上超过50％的太阳能光伏组件是由中国制造商所生产的，世界上最大的几家太阳能公司也都在中国。相对于光伏组件的对外出口，我国太阳能领域对外投资的规模还较小。根据世界资源研究所的数据，截至2011年9月，中国的光伏企业对外投资约有30个项目，涉及约12个国家和地区。此外，中国科技发展集团、特变电工和金保利共同在欧洲开发兴建太阳能电站的投资项目。该项目获得了国家开发银行和招商银行的大力支持，两家银行一共为其提供了100亿美元的贷款。南非正逐渐成为中国太阳能投资的一个热点地区。中国英利集团是第一家在南非投资建立太阳能光伏发电站的企业。2010年4月，英利在南非中部城市Prieska安装了6.21千瓦的光伏示范系统。2011年，英利又与南非国家电力公司达成意向拟在南非两个中部城市分别建设一个10兆瓦的太阳能发电站。①

近年来，欧美加大新能源领域的贸易保护，以"双反"为名打击中国新能源发电设备和组件的出口，这将促进中国新能源企业加快海外投资的步伐。

二　中国能源对外投资存在的问题

投资收益与投资风险是一对孪生姐妹。但是，中国企业海外投资，除了一般商业性风险外，还面临着较大的非市场性风险。非市场风险，可以理解为纯市场风险以外的风险。它主要包括企业在东道国经营时所面临的与社会、文化、宗教、政治和军事相关的环境的变化。具体表现为东道国的政局变化、战争、武装冲突、恐怖袭击或绑架、社会动乱、民族宗教冲突、治安犯罪等安全问题。这种非市场性风险已成为影响中国能源对外投资的主要问题和挑战。

非市场风险中，与中国企业有关的是文化冲突，中国企业往往带着国内的习惯思维走出国门，缺乏对文化差异的识别和认同。中国企业对石油矿产资源的投资主要集中在发展中国家，有些是经济非常落后的国家，我

---

①　谭晓梅：《中国新能源海外投资的商业模式》，《环球》2012年4月。

国企业与当地的员工、消费者、居民的思维方式不对接，形成一种文化障碍。

21 世纪初在国际直接投资领域的一个新的变化趋势是强调跨国公司的社会责任。加强对社会责任的理解，提高东道国人民的福利水平（特别表现在就业上），实现互利共赢成为跨国公司对外投资需要考虑的一部分。而中国企业海外投资目前仅处于项目投资阶段，从严格意义上讲，中国对外投资的企业并不是真正的跨国企业，它们的经营理念根源于中国，海外投资项目往往仅关注项目本身的收益，缺乏长远的国际化战略，具体表现为淘金思想严重，低成本竞争，忽视员工的健康和操作安全，缺乏对员工进行必要的培训和教育，忽视对环境的保护和企业的社会责任等。随着世界各国对环境保护意识的加强，人们越来越重视资源开采给环境带来的影响，各国立法趋于严格化，忽视环境保护法律很可能导致当地政府采取关闭矿井和停止项目的决定。这也是造成我国与东道国的融洽度较低的原因。

恐怖袭击是中国当前海外投资面临的最现实的风险。"9·11"后国际恐怖主义、极端宗教主义等非传统风险因素凸显，成为威胁国际直接投资安全的一个重要因素。矿产资源投资一般地处偏僻区域，政府疏于防护，极易成为恐怖分子或地方武装势力攻击的对象。例如，2007 年 4 月 24 日，一家中资石油公司设在埃塞俄比亚东南部地区的项目组遭遇 20 多名不明身份的武装分子袭击并抢劫，造成中方 9 人死亡，1 人轻伤，7 人被绑架。事实上，恐怖袭击已经成为我国对外投资企业人员安全的最主要的威胁因素。为了保障我国海外投资工程项目人员及资产的安全，应雇用当地的安保，与当地进行安保隔离。目前，非洲、拉美以及东南亚地区都不同程度地存在恐怖活动，而这些地区又是我国资源指向投资的重要区域。

意识形态的差异是许多中国国有能源企业进行跨国兼并与收购受阻时要面对的主要问题。利用法律条款，以国家安全为由限制国外投资和产品进入本国是发达国家的典型做法。例如，美国的"埃克森弗洛里奥"条款（Exon-Florio Provision）允许美国总统在发现对美国安全构成威胁时阻止外国企业并购美国企业。1993 年美国在对上述法律进行修订时，又增加了对具有国有企业背景的企业兼并案进行专门调查的内容。中国海洋石油总公司预收购美国优尼科公司的努力由于"安全"的考虑遭到美国政府的抵制是一个非常典型的案例。2005 年中海油竞购优尼科，以高出竞争对手雪佛龙公司 10 多亿美元的价格出价，结果还是在政治因素的干预下不得不宣布放弃竞购。再如，中石油公司曾有意收购俄罗斯斯拉夫石油公司，因俄政界反对把私有化的国有公司股份出售给外国公司，中石油在最后被迫放弃竞标。由于中国石油企业跨国经营兼有资源开发与海外投资的经营内容，并且国际石油市场又常常与国家利益、民族主义、地缘政治等复杂因素联系起来，其所面临的政治风险往往是所有跨国企业面临的政治风险中最为集中的。

政策法律风险主要是指资源国法律法规和政策体系不稳定、不健全或执行不规范给中国企业带来的风险。海外能源投资项目具有周期长、投资大、回收慢的特点，未来的国际及东道国政治的不确定性，使得海外投资面临着东道国政府的财政、货币、外汇、税收、环保、劳工、资源政策的调整，国有化征收等也是我国海外投资可能存在的风险。例如，2005 年，中石油和中石化共同出资 14.2 亿美元，收购了加拿大恩卡纳集团的安第斯石油公司，该公司在厄瓜多尔有五个石油区块的资产和开发权，日产石油 8 万桶，产量居南美第五位，是厄瓜多尔最大的外资企业。但是，2007 年 10 月 12 日，厄瓜多尔突然以总统令形式宣布，征收非常重的特别收益金，将外国石油公司额外收入中的 99% 收归国家所有，我国企业的投资因此损失惨重。

第四节　中国能源对外投资合作的主要模式及案例分析

一　中国能源对外投资合作的主要模式

总结起来，中国能源企业对外投资与合作的主要模式有以下五种。

（一）参股与并购国外能源项目

中国能源企业以参股与并购的形式"走出去"是以投资者身份出现的，是与作业层面相分离的产权并购，不仅仅只作为勘探开发的作业者。对于中国企业来说，更多的应该由上市公司而不是母公司主导海外并购的实施。上市公司的运作，由于有资本市场和广大股东的监督，能够以市场化的方式保证收购成本的最优选择，减少了收购兼并中的行政指向和政治风险，可以更好地保障收购项目的资产质量和价格最优性。参股并购的优点是股权清晰、权责明确，但对中国投资方的资金实力要求高，并且企业面临的政治风险（如被征收、罚没）较高。

（二）合作开发，产品分成

这种方式主要是在石油、天然气开采领域，许多产油国均以产品分成形式允许外资公司开发，东道国政府、开采方各自获得协议规定的权益油。在这种方式中，中方投入资金提供工程技术与管理，直接参与油田开采，并按事先约定的比例，从所生产的原油中每年获得一定的权益油。中国在苏丹、秘鲁、委内瑞拉等国的石油项目就属于这种类型。合作开发、产品分成可以随时监督合约的执行进展，确保中方获得权益油，而且中方不必过多介入所投资企业的公司治理问题，因不持有公司股份，可以较好地规避政治风险和经营风险。

（三）风险勘探

2006年11月中石油在尼日尔的第一口风险探井正式开钻，标志着中国石油海外油气勘探开发尝试了一种新的模式。整体来看，中国公司目前刚刚开始直接参与海外油气资源的风险勘探活动。风险勘探项目是高投入、高风险、高收益的活动，进入资源国和勘探区块的成本相对较低，是海外油气业务发展的方向，也是国际石油公司发展的通行做法。中国能源公司的实力与国际能源巨头相比还显不足，政府相应的补偿和支持机制还不够健全，因而这种方式目前还处于初步尝试阶段，未成规模。未来需要政府通过建立补偿和支持机制，大力促进这种方式的发展。

（四）以贷款换能源

2009年初中国分别与巴西、俄罗斯签订了"贷款换石油"的合作计划，中国分别向其提供 100 亿美元和 250 亿美元的贷款。巴西按市价每日向中国供应 10 万 ~ 16 万桶石油，俄罗斯从 2011 年至 2030 年按照每年 1500 万吨的规模向中国通过管道供应总计 3 亿吨石油。从严格意义上讲，用贷款换能源并不能看作是中国能源企业"走出去"的方式，只是通过与产油国合作来保障国家能源安全，实现互利双赢。与参股、并购或合作投资开发外国能源项目相比，通过贷款换能源并不是最好的方式，前者更为稳定可靠，能获得一个更有保障的能源供应，但实现的难度却较大。能源产业作为重要的国民经济支柱产业，各国政府都有较严格的监控，能否允许外国企业参与本国的能源开发项目，往往在很大程度上受到地缘政治、国际关系因素的影响。国际政治关系的扭转不可能在短期内实现，所以目前用贷款换能源的选择不失为在中短期内的有效方式之一。

（五）工程或市场换购能源资源

以工程换能源，即中国工程公司帮助落后国家实施各类工程，落后国家以能源资源偿付，这是一种新的能源供应方式，涉及援外、工程承包、投资、贸易等多种经济活动，对保障中国能源海外供应很有意义，是今后与不发达国家进行资源合作的一种重要方式。另外也可以采取市场换资源的策略，利用中国部分能源市场，换取境外油气勘探开发的权益。比如向一些国际能源公司或者国外大型油田公司开放部分中国国内的石油冶炼、批发或零售等市场的空间，作为交换条件，参与国际能源公司合资或者与油田项目直接合作，获得国外油气勘探与开发的权利。

二　能源企业海外投资并购成功与失败的案例

（一）中石化收购康菲石油的案例

2010 年 4 月，中石化与美国康菲石油公司达成协议，拟以 46.75 亿加拿大元的现金对价收购美国康菲石油公司拥有的 Syncrude 公司 9.03% 的全部权益。2010 年 6 月中石化集团正式宣布，旗下中石化集团国际勘探开发公司以 46.5 亿美元的价格收购美国康菲石油公司持有的加拿大油砂项目 9.03% 的权益。中石化此笔并购操作从正式提出收购申请，经过中国、加拿大双方监管部门审批，到最终完成收购仅用时 2 个半月，可谓一帆风顺。该项交易是当时中国能源企业在加拿大最大的一个投资项目，从中石化的并购过程来看，并没有遭遇到加拿大监管部门以危害国家资源安全为由进行的政治审查等政治风险，其成功并购经验值得我国其他能源企业借鉴。

收购成功的主要原因有以下几个。

首先，合理的并购方式。中石化此次采取的并购方式是通过其全资子公司国际勘探公司参股收购美国康菲石油公司持有的 Syncrude 公司9.03%的股权。根据加拿大政府的规定，凡超过2.99亿加元的外资并购项目，都需要获得联邦政府的批准，而此前加拿大联邦政府曾以"国家安全"为由，否决了包括中国在内的多宗在加拿大的资源并购。不过，由于此次交易中石化收购的只是 Syncrude 合资公司9.03%的少数股权，只是一种财务投资，而非战略性投资，所以并购申请很容易就通过了加拿大监管部门的审查。

其次，合理选择并购目标。此次中石化的并购规模超过加拿大政府规定的2.99亿加元的批准门槛，但却顺利地通过了监管部门的审查，因为中石化此次进入加拿大油砂业务领域选对了合适的并购目标，找到了一个合适的突破口。第一，油砂的开采成本远高于传统的原油开采，而且初始投资大、生产周期长，存在诸多风险。加方认为从油砂中提取出原油的成本昂贵，从经营上来说并不划算。因此加方一直将油砂视为"劣质资产"，一般都将油砂出口到邻国美国。第二，Syncrude 本身是由加美两国的7家企业实体注资建成的一家合资企业，中石化购买的这部分权益本身就为外资公司美国康菲石油公司所拥有，因此对加拿大来说，这一少部分股权不管是由美国公司持有还是由中国公司持有，差别不大，所以中石化的此次大规模并购申请并没有遇到政治势力和民族保护主义势力的阻挠。

最后，合适的并购时机。2009年美国康菲石油公司由于受金融危机的影响而出现现金流断裂，面临严重的流动性风险，公司宣布两年内出售价值百亿美元的资产，用于偿还企业债务。康菲石油在这种情况下出售部分资产也是其无奈的选择。中石化抓住了这一有利时机，顺利完成了收购。

除了上述原因以外，对人才和经验储备的重视也是值得关注的因素。从中石化近几年的海外并购来看，油砂项目是一个关注重点。早在 2005 年，中石化就曾经与道达尔合作收购了加拿大北极之光油砂项目 50% 的股权。正是因为 5 年前成功的并购使得中石化在加拿大有了一定的经营基础，培养了一批精通国际化运营和国际贸易规则的综合型人才，才使得中石化在对 Syncrude 的并购前的资产评估、并购中的交易谈判、并购后的运营整合等方面都能够做到游刃有余。

（二）中海油并购优尼科的案例

中海油并购优尼科事件在 2005 年度成为国内外关注的焦点。2005 年底在由全国工商联并购公会发起的第五届"十大并购事件"评选活动中，"中海油要约收购优尼科"入选十件年度具有标志意义的并购事件榜。

中海油并购优尼科事件相关的三方是中海油、优尼科和雪佛龙公司。优尼科是美国第九大石油公司，2003～2005 年其市值低于同类公司 20% 左右，市值低的一个重要原因是它的主产品天然气市场开拓不够，大量的已探明储量无力开发。2005 年初，优尼科挂牌出售。雪佛龙、意大利埃尼公司等均表示出收购的兴趣。2005 年 3 月，中海油递交初步收购方案，每股报价在 59～62 美元，优尼科当时的市值还不到百亿美元。但随后国际原油价格飙升，优尼科股价迅速上涨，中海油内部对这一收购的看法出现分歧。2005 年 4 月，美国第二大石油公司雪佛龙宣布以 160 亿美元加股票的形式收购优尼科。6 月 10 日，美国联邦贸易委员会批准了雪佛龙的收购计划。随后，中海油正式向优尼科提出收购要约，要约价为 185 亿美元，每股 67 美元。7 月，雪佛龙提高报价。优尼科董事会决定接受雪佛龙的报价。中海油认为 185 亿美元的全现金报价比雪佛龙高出近 10 亿美元，仍然具有竞争力，为了维护股东利益，无意提高原报价。2005 年 8 月 2 日，中海油宣布正式放弃对优尼科的收购。8 月 10 日，优尼科和雪佛龙合并协议获批准。

并购失败的原因有以下几点。

首先，目标企业所在国的政治和政策障碍是竞购失败的最主要原因。西方发达国家虽然对外资管理比较开放，但外资并购毕竟不同于本国企业并购，因而这些国家政府对外资并购亦有不同程度的限制。一是对外商投资领域的限制，二是对外商出资比例的限制，三是通过审批制度来规范外资。中海油竞购优尼科就是典型的一例。这次跨国并购案是中国企业涉及金额最大、影响最大的海外收购大战，其遇到的政治压力不可小视。中海油参与优尼科石油公司竞购，触动了美国人最为敏感的能源神经，也很自然地被贴上中国实施能源"走出去"战略的标签。

其次，竞购时机选择不当是竞购失败的直接原因。中海油竞购优尼科，赶上伊拉克战争僵持不下、世界油价持续上涨、美国举国讨论能源安全问题的时期。这个时期，是美国政府和民众最敏感的时期。即使竞购成功，也会刺激"中国威胁论"的蔓延。

最后，中海油的国有企业性质遭诟病。美国政客阻止收购的借口是这次收购更像国家行为而非企业行为。中海油一直强调这次收购只是一个商业交易，但美国许多国会议员和经济学家却把这次收购事件政治化，与美国的国家安全、经济安全挂钩。之所以出现这种情况，是因为美国的政客们抓住了两点理由：第一，在纽约上市的中海油71%的股份都是由中海油集团持有的，即国有股达到了71%；第二，收购资金中有中国工商银行60亿美元的贷款。于是美方政府认为这次并购更像国家行为，而不是商业行为，中海油收购是一个威胁美国国家与经济安全的问题。

失败的教训和启示有以下几点。

第一，重视政治力量和公共关系的作用，加强与目标公司所在国政府的沟通。纵观其他国家在国外石油资源市场取得成功的例子，应在政治力量和公共关系方面都用足力量。中国能源企业"走出去"跨国并购，应尽可能采取多种渠道增强与目标公司所在国政府的沟通。比如，凭借外交渠道、两国的民间友好机构或在目标公司所在国有影响力的政治人物牵线搭桥等，取得目标公司所在国政府的理解和支持，并尽可能在社会就业方面适应当地政府的要求，同时争取目标公司的友好合作，使当地政府从产业发展及社会发展的角度出发，给予跨国并购方以宽松的政治环境。

第二，选择合适的跨国并购时机和适当的方式。能源类的跨国并购往往数额较大，容易在投资东道国产生较大的经济和社会影响，因此需要选择合适的时机和适当的方式。在并购目标公司时，可以采取渐进的方式，先以合资或合作的方式，树立起良好的企业形象，待该国政治风向偏松时，再考虑并购问题；也可以先不全资并购，而是控股性并购或接近于控股性并购，待条件成熟后再进一步并购；还可以利用目标公司所在国的一家合资企业作为跨国并购的代理，以避免东道国政府或当地政府干预。

第三，改善国有能源企业股权结构，向民营化方向改革。中国能源企业应该进一步民营化，以民营能源企业的身份去参与国际竞争。为了避免政治风险，可以采取的方式有：一是通过进出口银行等政策性银行给民营能源企业贷款，让民营能源企业"走出去"。二是由中国的大型国有企业把资金直接投资到外国私募基金，国有企业成为这些基金的大股东，实际上也就对这些私募基金有了控制权，然后再由这些外国基金公司在海外做能源型的并购。

主要参考文献

［1］〔法〕菲利普·赛比耶－洛佩兹：《石油地缘政治》，潘革平译，社会科学文献出版社，2008。

［2］〔俄〕C. 3. 日兹宁：《俄罗斯能源外交》，王海运、石泽译，人民出版社，2006.

［3］张广荣：《中国的资源能源类境外投资基本问题研究》，中国经济出版社，2010。

［4］刘宏杰：《中国能源（石油）对外直接投资研究》，人民出版社，2010。

［5］刘炳义：《跨国石油公司发展战略及其演变趋势》，《石油科技论坛》2007 年第 1～2 期。

［6］成金华：《中国石油企业跨国经营的政治风险分析》，《中国软科学》2006 年第 4 期。

［7］姜学峰：《新世纪国际大石油公司发展战略新动向》，《国际石油经济》2004 年第 9 期。

［8］赵振智：《我国石油企业跨国经营中的战略控制力研究》，《化工管理》2009 年第 1 期。

［9］徐振强：《国际石油合作合同模式的特征及演进》，《国际经济合作》2003 年第 1 期。

［10］余芹、马建威、黄文：《资源获取型海外并购战略选择——以中石化收购美国康菲为例》，《财务与会计·理财版》2012 年第 1 期。

［11］牛琦彬：《中海油并购优尼科事件分析》，《中国石油大学学报》（社会科学版）

2007 年第 2 期。

[12] 单宝：《中海油竞购优尼科失败的原因及其教训》，《国际贸易》2005 年第 10 期。

[13] 刘铁男：《中国能源发展报告 2011》，经济科学出版社，2011。

[14] 梁咏：《双边投资条约与中国能源安全》，复旦大学出版社，2012。

[15] 陈元：《加强对外合作，扩大我国能源、原材料来源战略研究》，中国财政经济出版社，2007。

[16] 中国能源中长期战略研究项目组：《中国能源中长期（2030：2050）发展战略研究：综合卷》，科学出版社，2011。

[17] 崔民选主编《中国能源发展报告 2011》，社会科学文献出版社，2011。

[18] 李众敏：《中国对外直接投资管理体制面临的挑战与改革建议》，《国际贸易》2010 年第 10 期。

[19] 梁开银：《中国海外投资立法论纲》，法律出版社，2009。

[20] 胡景岩、王晓红：《新形势下的中国企业对外直接投资》，《宏观经济研究》2005 年第 7 期。

[21] 李一文：《后危机时代中国企业海外投资面临的机遇、风险与对策》，《经济学动态》2010 年第 7 期。

[22] 郑岩、宋林霖：《全球化背景下的国际合作导向》，《长春市委党校学报》2003 年第 3 期。

[23] 王宏纲：《中国海外投资监管刍议》，《改革与开放》2010 年第 16 期。

[24] 张百茹：《我国海外投资监管立法与实践研究》，《沈阳工业大学学报》（社会科学版）2011 年第 1 期。

[25] 许慧、胡曲应：《许家林论中国企业海外投资风险的防范与监管》，《中南财经政法大学学报》2009 年第 6 期。

[26] 施宏：《构建我国海外资产安全防控与监管体系的思考》，《国际贸易问题》2011 年第 12 期。

[27] 徐敦鹏：《全球政治经济重构背景下的中国企业海外投资风险管理：机制与设计》，中国社会科学院财贸所博士后研究报告，2011 年 7 月。

[28] 朱旻卿：《中国海外投资保险制度的模式选择》，《法制与经济》2011 年第 9 期。

[29] 姜曦：《论我国海外投资立法的完善》，《特区经济》2011 年第 2 期。

[30] 陈璟菁：《美、日、德三国海外投资保险法律制度比较研究——兼论建立我国海外投资保险法律制度的设想》，《国际贸易问题》2000 年第 3 期。

[31] 梁开银：《论海外投资保险代位权及其实现——兼论我国海外投资保险立法模式之选择》，《法商研究》2006 年第 3 期。

[32] 隋平：《全球并购：法律操作与税务筹划》，法律出版社，2011。

[33] 戴春宁：《中国对外投资项目案例分析：中国进出口银行海外投资项目精选》，清华大学出版社，2009。

[34] 卢仁法：《促进中国企业对外投资合作税收问题研究》，中国税务出版社，2009。

[35] 隋平：《海外能源投资法律与实践》，法律出版社，2011。

[36] 朱桂方：《中国商业银行海外扩张研究》，经济科学出版社，2011。

[37] 许南：《中国商业银行海外投资布局研究》，经济科学出版社，2011。

［38］李桂芳:《2011 中央企业对外直接投资报告》，中国经济出版社，2011。

［39］Barry Eichengreen, "Hegemony Stability Theories of the International Money System", in Richard N. Cooper , ed. , Can Nations Agree? Issues in International Economics Cooperation, Brookings Institution, 1989.

［40］Charles A. E. Goodhart, "The Two Concepts of Money: Implications for the Analysis of Optimal Currency Areas", *European Journal of Political Economy*, 1998, Vol 14 .

［41］He Dong and Robert N. McCauley, "Offshore Markets for the Domestic Currency", HKMA Working Paper 02/2010.

［42］Peter Kenen, "The Role of the Dollar as an International Currency", Occasional Papers No. 13, Group of Thirty, New York, 1983.

［43］Robert A. Mundell, "EMU and International Monetary System", paper Presented at the CEPR Conference on The Monetary Future of Europe, La Coruna, Spain December 11212, 1992.

第六章 能源安全之能源贸易与投资策略

第一节 国际环境变化对中国能源安全的新挑战

如上章所述，全球能源格局正在进行调整，中国在这次全球能源格局调整中成为最大的利益相关者之一。从总体上看，中国在国际能源格局中地位的上升，有利于中国参与全球能源治理，但是也要承受更多的挑战和压力。首先，中国超过美国成为全球最大的能源消费国，中国能源进口需求逐年增长。石油对外依存度已接近60%，天然气对外依存度接近1/3，煤炭净进口不到两年就成为全球最大的进口国。维护全球能源安全是中国不二的选择，中国必须要以积极的姿态参与全球能源治理，因此需与其他能源消费国重建国际关系。其次，中国能源对外投资从无到有，有数据显示，2011年，中国对外投资已达3800亿美元，分布在世界178个国家和地区，累计海外资产达1.8万亿美元，跃居全球第5位。目前是吸收外资和对外能源投资最多的发展中国家，据商务部统计，2005~2012年上半年，中国资源类行业的对外直接投资额达到2390亿美元，占中国对外直接投资总额的71%。维护本国海外投资利益成为中国构建新的国际关系的重要考量。

中国国际关系再调整主要包括两个方面，一是中国与发达国家关系的重构。在维护全球能源安全方面，中国与发达国家具有共同的利益，但是由于政治和意识形态的对立，中国在积极参与全球能源治理过程中，必须还要维护国家政治利益，避免发达国家利用能源安全对我国政治军事进行干涉和影响。二是中国与发展中国家的关系调整。中国与发展中国家之间的经济关系，在历史上主要是"穷兄弟"之间的关系，现在转变为投资国与东道国的关系，[①] 维护中国海外投资利益有可能改变中国与非洲发展中国家原有的经济关系模式，经济关系的变化有可能会导致政治关系的改变，在全球能源利益格局变动中处理好与发达国家、发展中国家的关系是中国能源外交所面临的新挑战。

中国的能源安全有赖于全球的能源安全，而全球能源安全需要有国际规则保障。20 世纪 70 年代，在以发达国家为主导的能源消费格局和以中东产油国为主的能源供应格局中，分别形成了代表发达国家和中东产油国利益的国际能源署（IEA）和中东石油输出国组织（OPEC）。近年来，在"八国集团"、联合国、国际能源论坛、G20、欧洲安全合作组织、亚太经济合作组织、欧洲能源宪章等全球和地区多边国际论坛框架内，能源安全的讨论占有重要地位。中国作为新兴能源大国，如何登上国际舞台并发挥大国应有的作用值得思考。从近期看，中国尚未有改变全球能源安全规则和秩序的政治能力，因此，从这一意义上看，中国作为能源大国如何在国际舞台上发挥主导作用、以一种什么样的政治姿态影响和参与全球能源治理是中国的另一个挑战。

我国所处的亚洲地区是全球能源资源相对贫乏的地区，同时又是能源消费增长最快的地区，东、南、西三个方向相邻的国家，基本上都是能源净进口国，在能源方面存在竞争关系，只有北部相邻的中亚地区和俄罗斯等国家是能源净出口国。近年来，虽然中国与俄罗斯、中亚等国家和地区的能源合作关系不断增强，例如，中俄战略协作伙伴关系下的油气合作，中国与中亚油气合作和跨国油气运输，中国与中东产油国在能源领域中的相互投资，中国与非洲和拉美地区的资源开发合作等均取得重大进展，对提高中国能源安全保障发挥了重要作用，但俄罗斯的能源战略重点在欧洲。中国从中东和非洲进口的石油要经过长距离的海运，经过霍尔木兹海峡和马六甲海峡两个战略咽喉，而中国海上运输的安全保障和能力建设刚刚起

---

① 〔法〕菲利普·赛比耶－洛佩兹：《石油地缘政治》，潘革平译，社会科学文献出版社，2008。

步。日本、菲律宾等周边一些国家在美国重返亚太战略的支撑下，挑衅我国领土和主权，与我国争夺海上石油资源；欧美千百万计地打压我国经济和政治的崛起，针对我国快速发展的风电和光伏产业抢起"双反"大棒。在国际舆论上，"中国威胁论"不断变换出场。我国正在面临前所未有的复杂的国际政治环境，如何以高度的政治智慧与周边国家以及欧美等大国解决能源争端、领域争端与贸易争端是中国在新的国际形势下的又一挑战。

第二节　构建有利于中国能源安全的国际关系

在经济全球化大潮下，世界各国的能源安全不可分割，更不能相互对立，以损害他国能源安全谋求本国"绝对能源安全"或者以武力威胁保障自身能源安全。在经济全球化的环境中难以做到独善其身，但这并不意味着放弃追求独自的能源安全利益，而是要在"你中有我，我中有你"的国际关系中，寻求形成有利于我国的能源安全的经贸关系和外交关系。

一　重视能源大国在全球能源安全中的作用

在世界众多的国家中，一些国家由于其在能源供需中的某种优势，对全球能源供需格局有着重要影响，能源安全的国际环境离不开这些国家的作用，我国必须要重视与它们的关系。就石油来看，石油资源储量、石油产量和石油消费，前三位大国的市场集中度达到30%，前十位大国的市场集中度达到65%以上，前十五位大国的市场集中度超过70%。委内瑞拉、沙特阿拉伯和加拿大的石油探明储量占全球的44.6%。沙特阿拉伯、俄罗斯、美国三国的石油产量占全球的34.8%。石油消费的集中度更高，美国石油消费占全球的20.5%，中国石油消费占全球的11.4%，日本和印度分别占5%和4%。全球石油消费大国基本上是净进口国，美国、中国、日本、印度是世界上石油净进口最多的国家。在石油大国中，美国、中国、俄罗斯和沙特阿拉伯既是石油资源大国，也是石油生产大国和消费大国，在世界石油市场上的地位更加独特。若把欧盟15国作为一个经济体，欧盟在世界石油消费市场上也具有重要影响。

俄罗斯是全球天然气资源最丰富的国家，探明储量占全球的 21.4%，其次是伊朗，占全球储量的 15.9%。美国和俄罗斯是全球最大的天然气生产国，其产量合计占全球天然气产量的 38.5%；加拿大天然气产量位居全球第 3 位，但产量占比只有 4.9%；中国天然气产量在全球的占比为 3.1%，位居全球第 6。前 15 位国家天然气产量的占比为 72.5%。从消费量来看，美国的天然气消费占全球的 21.5%，俄罗斯占 13.2%，伊朗和中国分别位居第 3 和第 4，消费量各占全球的 4.7% 和 4%。

美国、俄罗斯、中国是世界上煤炭资源最为丰富的国家。其中，美国煤炭资源占全球的 27.6%，俄罗斯占 18.2%，中国占 13.3%，三者合计占全球的 59.1%。中国是全球最大的煤炭生产国，其煤炭产量占全球的 49.5%；美国列第二位，产量占全球的 14.1%，其余煤炭生产大国基本集中在亚洲。在亚洲地区，一些国家如泰国、菲律宾和印度尼西亚的煤炭消费增长甚至超过 10 倍，大大超过了中国；日本煤炭消费增长也超过了 1 倍；而其他地区煤炭产量增长不到 1 倍。2011 年中国超越日本成为全球最大的煤炭进口国。

上述一系列数据表明，除我国外，美国、俄罗斯、日本、沙特阿拉伯、伊朗、加拿大、印度是对全球能源市场影响力较大的国家。尽管上述有些国家与我国的能源贸易规模较小，但我国也要把这些国家放在决定能源安全的重要位置上，作为我国制定能源外交策略时需要重点考虑的因素。

二 有区别地与具有不同能源安全利益诉求的国家开展能源外交

能源外交实质上是政治与经济的交换关系。能源可能是外交的目的，也可能是为求得其他方面利益需进行交换的外交砝码。开展能源外交，首先要对外交对象国在全球能源供需关系中扮演的角色进行定位。俄罗斯学者日兹宁把世界各国分为三种类型：[①] 能源出口国、能源消费国和能源过境国。大部分学者也都跟随这种分析范式。这种分析的逻辑是国家以对能源利益的诉求决定国际能源外交的方向和企图。能源出口国关心的是供给

---

① 〔俄〕C. 3. 日兹宁：《俄罗斯能源外交》，王海运、石泽译，人民出版社，2006。

安全，即如何能长期保持合理的"高价"对外供给能源。消费国首先关心需求安全，即怎样以稳定的"低价"购买能源。能源过境运输国关心运输安全，主要是能长期经本国领土将能源出口国的能源输往消费国并获得最大利润。根据上述各类国家对能源安全的利益关切，消除利益对抗，实现利益交换应该是能源外交所要做的努力。

中亚和俄罗斯、非洲以及中东地区是中国与能源资源出口国开展能源外交的三大战略区，但中国在这三大战略区的战略措施要有所不同。与中亚和俄罗斯要继续改变"政热经冷"的局面，全面加快推进能源战略合作；在非洲要通过加强广泛的经贸关系，提高我国对非投资的国际竞争力，促进能源合作；中东不仅现在是而且将来也是全球重要的能源供应中心，中国不应因中东政局不稳而放弃或减少与中东的能源合作，而是要用政治与外交智慧处理好与中东、美国等三方面的关系，扩展与中东能源产业合作领域。此外，北美的加拿大和拉美的委内瑞拉、巴西等国是能源生产潜力较大的国家，是与中国有广泛合作前景的国家，当前应加强与这些国家的能源合作。

世界能源消费大国除中国和印度外，主要是发达国家，中国与发达国家的能源关系主要集中在能源技术以及新能源产品贸易方面。中国要特别注意与美国和欧盟的能源关系，因为这两个经济体对全球能源安全以及中国能源安全的影响不仅体现在能源供需稳定方面，更重要的是它们对全球能源秩序、国际能源规则制定、能源价格变动有着重要影响。由于中国经济的迅速发展，美国、欧盟等发达国家和地区对中国新能源产业的发展更加敏感，从贸易和舆论上对中国设置障碍和施加压力。中国与美国以及欧盟等发达国家和地区的能源合作，一方面，要注意防范其能源问题意识形态化，遏制中国能源和经济发展；另一方面，要注意结合国际贸易与投资规则制定产业政策，提高中国能源企业在国际竞争中的适应性和竞争力。

日本和印度是中国周边国家，政治经济关系较为复杂，与日本以及印度两国开展能源合作，有利于促进中国与周边国家的稳定，但要坚持国家领土利益高于一切的原则。能源过境运输问题是中国能源安全中的重要问题，东南亚地区与此利害相关。中国要加强与东南亚国家的合作，应与美国、日本等国家联合确保马六甲海峡的畅通，同时，要加快建设与周边国家的陆上油气通道，加强能源运输线路的安全保卫。

三　在全球能源对话中要积极倡导能源安全的新理念

美国的"能源独立"战略，一方面使其减少从中东进口石油，另一方面也具有减轻美国石油消费"大鳄"的舆论压力的作用。与美国以及欧盟相比，我国在国际舞台上缺乏主导意识，很少提出能影响国际舆论的战略观念和发展主张。如果说，二十年前，在我国经济规模和能源消费都处于较低水平的条件下，我国尚可采用"韬光养晦"的策略，而如今我国已被本国的经济增长和能源消费推到了国际舞台的前台。我国需要根据全球能源格局变化的趋势和我国能源安全的特点，提供既有利于世界能源安全又有利于我国能源安全的新理念，否则就被欧美牵着鼻子走，处处被动。笔者认为，建立广泛的、正常的能源经贸关系是维护全球能源安全的基础，随着能源安全内涵的与时俱进，能源安全的国际关系也因能源安全的内涵与要求的改变而改变。当今的能源安全不仅是供应安全，而且还包括运输安全、价格合理和高效清洁消费等多个方面。因此，中国应积极倡导能源贸易"去政治化"，强调能源安全是全球的公共产品，呼吁取消或降低新能源产品贸易关税。

能源地缘关系是能源安全问题的重要基础。除中国和印度等少数国家外，世界各国能源结构以石油为主。从全球来看，石油供需关系比其他能源品种的供需关系有着更为广泛的影响，石油的地缘政治关系几乎等于全球的政治关系，而其他能源品种的国际关系基本上是区域性的。我国要注意到这种区别性，积极提供针对不同区域、不同能源合作的机制和理念。

第三节　新形势下的能源对外投资战略

虽然在理论上，保障中国能源安全可以通过寻求替代能源、增加国内生产、开展国际贸易和开展海外能源投资等多种方式予以解决，但是，受政治因素影响较大、短期内难以获得足够的替代能源、国内能源储量和生产能力不足等方面的影响以及能源贸易（尤其是石油、天然气的贸易）不受一般国际贸易规则的制约，积极进行海外能源投资与合作成为当前保障我国能源安全的必由之路。

一　完善对外投资制度和法律

能源行业在一国经济中具有举足轻重的作用，大部分东道国都会对外国能源投资实施管制和限制。从中国作为能源投资母国的视角出发，中国海外能源投资是否能顺利实施和取得良好实绩，进而保障中国的能源安全，很大程度上取决于是否对我国的海外能源投资主体提供了有效的投资保护。因此有必要构建一套相对完备的跨国能源投资保障体系。我国应以双边投资条约、海外投资保险等科学的制度安排，推进中国的海外能源投资安全。

（一）以双边投资条约推进中国的海外能源投资安全

完善的双边投资保护机制是保护海外能源投资的有效形式。所谓双边投资保护机制，就是投资母国和东道国两国政府之间签订相关投资保护协定，海外投资的行为应主要在已签署双边投资保护协定的国家中进行，当风险发生时，才能要求东道国对损失进行补偿。在双边机制下，海外投资保险公司在向被保险企业支付了损害赔偿金之后，可以代替企业向东道国主张赔偿（代位求偿）。投资国与东道国之间的双边投资协定使这种诉求具备了国际法的同等效力。然而如果是在单边机制下，这种诉求将只是基于传统的外交保护原则，是一种外交诉求，而不在法律框架内，因海外投资东道国政治风险受到的损失将只能由保险公司承担，即全部由投资母国承担。

目前，我国已与130多个国家和地区签订了双边投资保护协定，中国应积极推进国际双边投资条约的签署和更新。关于双边投资条约制度建设的未来方向，首先，中外双边投资条约立法应更具有选择性和导向性，中国应优先与能源投资主要流向国家签署或修订双边投资条约。其次，中外双边投资条约应涵盖投资准入、投资运营和投资退出等各个阶段，以确保海外能源投资在整个流程上均获得保障。再次，中外投资条约规定不规范、不统一，虽然理论上中国投资者可以通过援引其他双边投资条约中的最惠国待遇，依据最惠国待遇的"自动传导机制"，在实体性权力方面获得其他双边投资条约中优惠的待遇。但是，此种模式不利于中外双边投资条约功能和积极效应的充分发挥，也无法保证相关中国投资者行使权力的便利性和高效性。最后，中外双边投资条约中对争端解决机制的规定欠完善，导致投资争端解决的预期性和稳定性受到一定程度的限制。因此我国相关政府部门在考虑与相应缔约国修订或重新签署双边投资条约的同时，应积极创设一个相对统一、内容完整、政策连续、前瞻性强的双边投资条约新范本，并按照我国经济形势发展的需要，每五年到十年更新一次。

（二）以海外投资保险推进中国的海外能源投资安全

在当前国际政治格局错综复杂、经济前景充满隐忧的背景下，中国能源企业的海外投资之路并不顺利。国际知名金融数据机构 Dealogic 公布的数据显示，近年来中国企业跨境收购的失败率为全球最高。海外投资过程中蕴涵的各种风险值得高度警惕。因此，完善海外投资保险制度就十分必要。

鉴于海外投资的特殊性质，在整个风险管理体系中，政府部门的政策支持显得格外重要，尤其是海外投资保险制度的建立。海外投资保险制度是指通过特设的或指定的保险机构对海外投资者在东道国所面临的政治风险提供直接的保护，一旦海外投资者的投资与投资利益因东道国发生政治风险而遭受损失，则由该保险机构予以补偿，补偿损失后的该保险机构再向东道国行使求偿权的一种制度。各国都将海外投资保险制度作为应对海外投资政治风险的一种有效手段。目前，我国采用单一模式的海外投资保险制度，在制度建设上尚处于起步阶段，中国出口信用保险公司已经在承办海外投资保险业务，但是存在业务量小、覆盖面窄、操作性不强等问题，完善我国现有的海外投资保险制度势在必行。综合各方面因素，应从我国现有的海外投资保险雏形出发，设立以双边主义模式为主、单边主义模式为辅的混合制度。在具体制度构建上，应采用"分离制"的承保机构设置模式，即将海外投资保险业务审批部门和经营部门分开设置，设立一个统一的"海外投资保险管理委员会"，负责海外投资保险业务的审批，而中国出口信用保险公司则负责保险的经营业务。在承包范围上，除了承保外汇险、征收险和政治险之外，还可以依据需要增设其他险种。对于合格投资者，应采用"属地原则"和"资本控制"相结合的原则，即个人和在我国境内设立的所有组织，以及在我国境外设立但实际为我国控制的企业都可以申请保险。保险期限应与海外投资回收期相适应，保险费率不宜过高，保险金额不应覆盖投资总额。

（三）完善国内相关法律、法规体系

我国的海外能源投资立法建设，应坚持"积极促进、尽力保护、适度监管"的原则。当前我国相关政府部门虽然已经制定了一些能源海外投资的政策规定支持企业对外投资，但是现有的政策和规定总体来说系统性不够，还不能形成完整的体系，支持和保护力度不够。我国应加紧制定《海外投资保险法》和《海外能源投资促进法》。

1.《海外投资保险法》

目前国内学者对中国海外投资保险立法模式的选择主要有三种观点。第一种观点认为，中国应实行日本式的单边主义模式。其理由为：中国与其他国家订立的双边投资保护协定数量较少，双边主义模式势必将许多理应受到保护的海外投资者拒之门外，使得同样从事海外投资活动的投资者享受不到平等的待遇，不利于我国海外投资的发展。而单边保证可以使得投资者享有更大的选择空间，我国也可以通过外交保护行使求偿权。第二种观点认为，中国应实行美国式的双边主义模式。这种模式已成为一个国际趋势，近年来各国在实践中都倾向于实行双边保证制度。该模式以订有双边投资协定为承保前提，当政治风险损害到企业利益时，国内承保机构先对其进行赔偿，再通过代位求偿权进行追偿，从而有利于减少海外投资的政治风险，维护我国的经济利益。第三种观点认为，中国应该实行德国的混合制，采用以双边主义模式为主、单边主义模式为辅的制度。其理由为：中国已与多个国家签订了双边投资保护协定，以协定为前提实施保护已具有相当基础。同时，在要求以双边协定为法定条件的前提下，规定若干例外，以增加法律规定的灵活性，扩大投资保证的范围。在这三种观点中，支持第二种观点和第三种观点的学者占了绝大多数。

我国在建立海外投资保险制度时，应权衡上述三种模式的利弊，根据

我国的国情进行选择。海外投资保险制度作为政府实现其经济职能的手段之一，应考虑国家的整体利益。对比单边主义模式和双边主义模式在我国的适用性，两者各有优缺点。其一，我国海外投资的发展目前尚处于不成熟阶段，需要国家宏观调控在一定程度上引导投资方向，而这是单边投资保险制度所不能做到的。而以订有双边投资保护协定为承保前提，更有利于实现其防患于未然的功能，降低海外投资的政治风险。其二，双边主义模式以与我国签订双边投资保护协定的国家为投资国，这在一定程度上限制了投资的地域范围，不利于激励投资者的海外投资积极性。而德国的混合模式则在一定程度上克服了单边主义和双边主义的缺点。从这个角度来看，并综合考虑其他各方面因素，德国的混合模式是我国海外投资保险制度的发展方向，即将双边投资保证与单边投资保证制度相结合，建立以双边主义模式为主、单边主义模式为辅的海外投资保险制度模式。一方面，我国以采取双边主义模式为主。在承保风险发生，投保人向承保机构求偿后，承保机构可以依法向签订有双边投资保护协定的资本输入国求偿，实现代位求偿权，保护本国的经济利益。而且，实践中我国已具备建立双边海外投资保险制度的基础。我国自 20 世纪 80 年代开始签订双边投资保护协定，截至 2010 年，我国已与 130 多个国家签订了双边投资保护协定。这些双边投资保护协定中，除极少数国家外都订有代位权条款，这为海外投资保险机构行使代位权提供了法定的依据。另一方面，我国还应以单边主义模式为辅，不应将双边投资保护协定作为唯一投保条件。只要投资符合我国法律的规定，就可以同意其投保。当政治风险发生时，可以利用外交保护手段解决求偿问题。在目前中国海外投资已进入快速发展阶段的背景下，支持向这些没有签订双边投资保护协定的国家索赔，扩大投资保护的范围，有利于推动海外投资的发展，保护投资者的积极性。

2. 《海外能源投资促进法》

《海外能源投资促进法》规定的内容可以包括：立法目的，中国海外能源投资的范围界定，海外能源投资法的调整对象、立法依据、立法宗旨，海外能源投资的国家主管机关和职责范围，海外能源投资的核准、备案、审批制度，海外能源投资的统计制度，海外能源投资的产权保护，海外能源投资企业的破产、清算，海外能源投资收益的税收原则，海外能源投资的地区和产业引导，海外能源投资企业的违法制裁，海外能源投资的国际争议处理，海外能源投资跨国经营的人才培养和教育，对外承包能源开发工程的促进和规范，能源领域对外劳务合作的员工权益保障等。

关于《海外能源投资促进法》的立法原则，应该遵循以下两个方面。

其一，防止经济问题政治化的原则。海外能源投资使资本流动跨越了国界，就其本质来看仍是经济层面的问题，但是其资本流动的特殊性，使得其投资出现问题的时候需要国家部门的参与，比如说政府的外交努力和优惠的金融支持政策等。因此，我国海外能源投资的立法要坚持防止经济问题政治化原则，将其限制在经济问题框架内，尽量避免政府和国家直接出面解决具体问题。从具体操作上来看，即尽量采取双边投资保护协定或多边立法的方式来应对海外投资风险，尽量避免采取外交保护的手段。在不得不采用外交保护手段时，也要注意介入的时间，把握保护的分寸，这样才能避免其上升到政治问题的高度。

其二，鼓励民营和私人海外能源投资发展的原则。我国海外能源投资的立法还应坚持鼓励私人投资发展的原则，这与我国的特殊国情相适应。我国能源领域国有经济占绝对的主力地位，很多资金实力雄厚的国有资本已经走出国门。从我国海外能源投资的投资结构上看，国有资产在海外投资中所占的比重非常高，私人投资所占的比重相对较低。同时，国有能源企业的海外投资容易被"政治化"，所以，在立法导向上，我国应积极鼓励私人资本向海外进行能源投资。

二 完善海外能源投资的金融支持政策

(一) 积极推进银企合作和金融创新，推动海外能源投资

首先，积极推动海外能源投资企业与国内外金融机构的合作，推动银行参与对外能源投资企业的信用风险管理，建立银行与能源企业间相关信息的共享体系，银行根据对能源企业的资信评级给予相应的授信额度。在

额度范围内，为能源企业提供更加便捷的服务，如免保函抵押金、免担保贷款等。对一些特大项目，可由某一家银行牵头，组织银团贷款，或由银行和企业组成联合体对外投标，提前介入项目，对项目共同管理，共享利益，共担风险。

其次，积极借鉴和推行发达国家所采用的项目融资和项目担保的经验，鼓励金融机构积极开展金融创新，允许海外能源投资企业以项目本身权益做担保。鼓励银行提供适合对外能源投资的金融新产品，对于符合国家支持条件的大型境外能源投资项目进行国内外融资试点，在贷款担保、简化手续、换汇用汇等方面给予更加便利的政策。

（二）建立多层次的海外能源投资担保体系

加快建立包括财政出资和社会资金投入在内的多层次担保体系，积极发展中小金融机构和新型金融服务，综合运用风险补偿等财政优惠政策，促进金融机构加大支持我国企业对外能源投资的力度。建立能源对外投资风险基金和准备金，减轻和分担石油企业对外投资、勘探的风险，使企业在项目失败时获得补偿。风险基金既可针对项目前期的调研、可行性研究、投标等准备工作，也可以针对项目启动之后运营中的不测。加强海外信用风险防范，引导我国海外能源投资企业增强风险意识，防范海外投资活动中的各类风险。积极利用保险工具，对海外市场拓展及对外投资提供全面的风险保障和风险信息管理咨询服务。

（三）发挥多层次资本市场的融资功能，为海外能源投资提供便利的资金来源

推进海外能源投资企业通过债券、上市等多元化的融资手段，为海外能源投资提供更宽阔的资金来源。完善创业板市场制度，支持符合条件的海外能源投资企业上市融资。推进场外证券交易市场的建设，满足处于不同发展阶段的海外能源投资企业的需求。完善不同层次市场之间的转板机制，逐步实现各层次市场间的有机衔接。大力发展债券市场，扩大海外能源投资企业集合债券和集合票据发行规模。在风险可控的范围内为保险公司、社保基金、企业年金管理机构和其他机构投资者参与我国能源企业的投资和股权投资基金创造条件。另外，我国当前对民营企业境外投资的金融扶持力度还很不够。我国应加大对民营能源企业的金融扶持力度，鼓励帮助其开展境外能源投资业务。

三 完善海外能源投资的财税支持政策

应完善能源开发类海外投资的税收政策。建议对纳税人境外投资勘探开发能源资源项目，其境外所得汇回国内的部分，经税务机关审核批准，在一定时期内免征收国内所得税，即对这些企业的境外投资所得采取多层间接抵免法计征所得税。在税收优惠方面，对进行境外能源开发的能源公司以实物作价投资的国产机械、设备及零配件等视为出口，给予出口退税。在增值税方面，对企业海外能源开发的初加工成品实行增值税减免。对海外勘探开发收入，已在资源国缴纳所得税的，可不再按国内税制重新核定、补缴差额。另外，还应抓紧与有关能源资源国家签订避免双重征税、投资保护、司法协助等政府间的双边协定。目前我国已经与96个国家签订了避免双重征税协定，财税部门应尽快完成与所有能源资源输出国签订相关协议。

（一） 改进境外应纳税所得额的计算方法

关于境外所得重新计算的原则。目前全球各国的税法和会计准则对应税所得的确认及成本费用的税前扣除不尽相同，如果统一依照我国会计制度和税法处理，将给境外投资企业带来不便。建议只要不是避税港和低税国，应尊重东道国（分支机构所在国）税收制度及会计处理对企业应纳税所得额的确定，允许以境外机构税前利润（应纳税所得额）作为应纳税所得额，仅保留对重要性项目的调整，如资产减值准备。另外，我国一些企业在对外投资过程中遇到对外销售机器设备并负责安装的情况，东道国政府对此一律征收预提所得税。从税收协定角度看，东道国的征税权取决于税收协定常设机构条款对建筑类业务构成常设机构时限的具体规定，并非是绝对享有征税权。从消除对企业双重征税角度看，应当允许企业抵免，但要求企业出具证明，前提是已经申请启动相互协商程序或已经在所在国提起行政复议或诉讼作为。

应纳税所得额应被限定为居民企业就其来源于境外的股息、红利等权益性投资收益，以及利息、租金、特许权使用费、转让财产等收入，扣除按照企业所得税法及实施条例等规定计算的与取得该项收入有关的各项合理支出后的余额。来源于境外的股息、红利等权益性投资收益，应按被投资方做出利润分配决定的日期确认收入实现；来源于境外的利息、租金、特许权使用费、转让财产等收入，应按有关合同约定应付交易对价款的日期确认收入实现。

在计算境外应纳税所得额时，企业为取得境内、境外所得而在境内、境外发生的共同支出，与取得境外应税所得有关的、合理的部分，应在境内、境外应税所得之间，按照合理比例进行分摊后扣除。在汇总计算境外应纳税所得额时，企业在境外同一国家设立不具有独立纳税地位的分支机构，按照企业所得税法及实施条例的有关规定计算的亏损，不应抵减其境内或他国的应纳税所得额，但可以用同一国家其他项目或以后年度的所得按规定弥补。

（二）进一步加大对能源企业境外投资的税收优惠力度

首先，应修改现行国内税法中单方面给予税收饶让的规定，坚持相互给予税收饶让的原则，维护中国的税收权益；其次，可借鉴日本政府做法，设立海外投资损失准备金制度，但准备金的比例从中国实际出发可以适当降低，如一般海外投资15%，从事能源开发投资20%。企业海外投资若发生亏损，则可从准备金得到补偿；若无损失，则准备金的余额从第六年起分五年逐年合并到应税所得中。

（三）进一步细化间接抵免的政策

首先，企业从境外取得营业利润所得以及符合境外税额间接抵免条件的股息所得，凡就该所得缴纳及间接负担的税额在所得来源国的法定税率且其实际有效税率明显高于我国的，应该可直接以境外应纳税所得额和我国企业所得税法规定的税率计算的抵免限额作为可抵免的已在境外实际缴纳的企业所得税税额。其次，关于持股比例的限定。从鼓励中国企业境外设立子公司，尤其是境外并购角度，建议在中国国内法中采用国际上通行的10%标准，与中国税收协定中的标准一致。再次，关于间接抵免的层次。从中国目前的征管水平看，抵免的层次越少越有利于征管。但从中国对外投资的现状看，由于外汇管理等方面的原因，中国一些大中型"走出去"的能源企业的层次很多，有的达到五级（如中石油）。为切实减轻企业境外投资的税收负担，建议对间接抵免的层次不做限定，但中间层次间的股权份额应做严格限制，必须是100%股权关系，且最后的持股比例达10%以上。在计算方法上，对多层全资控股的境外子公司未超过50%控股关系的，采用简单相乘的办法。

四　完善政府监督管理和服务引导职能

（一）建立统一的海外投资战略主管机构，完善多头管理的对外投资管理机制

随着中国企业对外投资的不断发展，客观上要求政府加强宏观调控，加大鼓励中国能源企业对外直接投资的力度。在宏观调控方面，需要建立一个统一的管理机构——国家海外投资委员会。政府应当采取措施，改变海外投资多头管理的现状，规范和引导海外直接投资活动。目前，我国的海外投资业务涉及商务部、国家发改委、财政部、国家外汇管理局、国家税务总局、国有资产管理局等部门，条块分割，管理分散，缺乏统一的规划和指导，不利于海外投资的长远发展。因此需要建立一个权威性的机构，负责制定海外投资发展战略，为企业提供对外投资的信息，在宏观上统一领导、管理和协调各部门、各行业的对外投资活动。从部门职责来看，商务部在对外投资方面的主要职责更注重日常操作管理层面，国家发改委在对外投资方面的主要职责侧重于宏观资源配置。但是在实际中，发改委和商务部两个部门仍然存在界限不清、职能交叉、平行管理的问题。我国对外直接投资管理体系要想健康发展，必须更加明确发改委、商务部在对外投资管理中的职责，建立更为清晰的管理体系。根据我国实际，应在国务院直接领导下，由商务部、国家外汇管理局、国家发改委、中国人民银行、国家税务总局等部委局，联合组建对外直接投资主管机构，负责对海外投资的宏观调控和操作。依法赋予其对海外投资的审批权、调查权、处罚权以及相应的管理职能，统一制定海外投资的方针政策和战略规划。

（二）简化海外能源投资审批程序，增强服务功能

我国海外投资审批程序复杂、期限长、透明度不高。因此，必须简化现有的不必要的审批程序，缩短审批时间。由于资本项目尚未开放，所以对外汇使用及流出进行一定的审查、核准是有必要的。对外投资的审批应当集中在外汇使用风险评估，以及是否符合国家产业政策上。而对于目前存在的其他审批环节，可以改核准为备案，企业在对外投资获得批准后，向有关职能部门、行业管理部门备案。在审批程序上，也要简化相应的审批程序。在核准上，应当有非常明确的标准，并设定严格的行政审批期限。

同时，增强服务功能，达到监管与服务的完美平衡。经过审批之后的对外投资，是符合国家外汇资产风险管理的，也符合国家产业政策，因此，对于这些境外投资的中国企业，政府应当大力发挥服务功能，变目前的管理功能为服务功能，为中国企业的海外经营和国际化发展做好服务。为服务于我国能源企业进行跨国经营，在政策制定上，应当建成一个资金使用、信贷保险、外汇管理、财务税收、服务中心等方面的综合服务体系。

调整政府部门及驻外机构服务能源企业的方式，要区分政府机构、准政府机构和商业机构能够提供的服务。只要是商业机构能够提供的服务，就不需要政府提供，政府机构要专注于提供那些商业机构、准政府机构无法提供的服务。比如通过国际投资协议的谈判，要求投资东道国简化对中国能源企业的审批程序。通过建立双边争端解决机制、参与多边争端解决机制，减少中国企业对外投资和海外经营的阻力，保护中国企业的利益。通过海外投资保险等制度，减少中国企业海外投资的风险。相反，一些商业机构、准政府机构能够提供的服务，如投资洽谈会、信息服务、项目对接服务，应当交给商业机构、准政府机构来提供。

五　完善海外能源投资的信息咨询和风险管理体系

（一）完善海外能源投资的信息咨询体系

我国需要构建以政府服务为基础，中介机构和企业积极参与的海外能

源投资信息网络。一是充分发挥驻外领使馆和代表机构的窗口作用，可以为企业提供外国的能源投资环境报告以及信息咨询服务等。二是完善中国对外能源投资中介机构的功能，如进出口协会、外国投资企业协会等，充分发挥其专业性强、联系面广、信息灵通的优势，提供介绍合作伙伴、合作项目等促进服务。三是尽快建立和完善境外能源投资的信息库和信息反馈、情况交流服务系统，为在境外进行能源投资的企业提供及时、有价值的信息。

应成立专门的对外能源投资促进机构，提供对外能源投资的信息服务和宏观指导。由这个机构汇集来自各个渠道的所有信息，通过网络全面提供各个国家和地区的能源投资环境、政策法规、投资程序、合同形式等相关信息并及时更新。建立对外能源投资业务信息库并搭建信息交流平台，及时发布境外能源投资的有关信息。为有合作意向的能源企业、项目提供中介服务。对境外能源企业立项建议书和可行性研究报告等提供技术层面的帮助，让有对外能源投资需求的企业及时得到最全面的信息和服务。

（二）完善海外能源投资的风险管理体系

海外能源投资的风险管理需要多部门的分工协作，不仅企业要提高自身的风险意识和风险管理能力，还需要政府部门的政策支持和金融部门的金融服务。只有政府部门、金融服务部门和企业相互配合，构建一个全方位的、完善的海外能源投资风险管理体系，才能更好地应对海外能源投资风险。首先，从政府层面来看，应从建立东道国综合环境风险评估体系、加强政策保障与法律法规支持等几方面进行设计。政府可以利用 PEST 分析法建立综合环境风险评估体系，加强对东道国风险评测，构建信息共享平台，为企业海外能源投资提供充分的信息。政府还应加强政策保障与法律法规支持，如构建完善的海外能源投资保险制度，逐步放宽能源境外投资的外汇管理，加强政府部门内部工作的协调等。此外，还要加强对国有企业海外能源投资风险的监督与防范，充分发挥国资委监管、服务和协调的职能，有效应对国有资产流失问题。其次，从金融服务层面来看，应为海外能源投资企业提供完善的金融配套服务，在一定范围内满足海外投资企业的融资需求和风险保障的需求。但由于海外能源投资的特殊性，商业信用往往对海外能源投资所面临的风险难以承受，所以金融部门对海外能源投资的融资支持和风险保障十分有限，这就需要政策性银行和出口信用保险机构发挥更大的作用。最后，从企业自身来看，应建立完善的海外能源投资风险防范机制，健全风险组织架构。企业应加强风险评价和预测，在企业内部建立良好的信息传递机制，在风险发生前可以有效地预防风险，在风险发生后，可以迅速地对危机做出反应，尽可能减少损失。

第四节 中国确保能源供应安全的贸易战略

能源贸易战略与政策是能源发展战略的重要组成部分。尽管 2007 年 12 月国务院新闻办公室发布的《中国的能源状况与政策》明确指出了中国能源战略的基本内容，[①] 我国国民经济与社会发展"十二五"发展规划第十一章阐述了推动能源生产和利用方式变革等内容，但是涉及的能源贸易战略与政策仍不够明确，需要进一步具体完善。

根据全球以及中国的能源生产、消费和市场供求形势的分析，结合影响能源贸易的主要因素，借鉴世界主要发达国家能源贸易与安全战略的经验，我国确保能源安全的贸易战略概括来讲就是以能源贸易多元化战略、能源投资控制战略和互利合作战略，实现分散风险、控制风险、规避风险，确保我国能源市场长期以价格合理、数量充足、可持续安全原则供应的目标。

一 能源进口来源多元化战略

当今，石油进口来源多元化是进口国用来提高能源安全的重要战略之

---

① 其基本内容是：坚持节约优先、立足国内、多元发展、依靠科技、保护环境，加强国际互利合作，努力构筑稳定、经济、清洁、安全的能源供应体系，以能源的可持续发展支持经济社会的可持续发展。中国过去不曾、现在没有、将来也不会对世界能源安全构成威胁。中国将继续以本国能源的可持续发展促进世界能源的可持续发展，为维护世界能源安全做出积极贡献。要实现世界经济平稳有序发展，需要国际社会推进经济全球化向着均衡、普惠、共赢的方向发展，需要国际社会树立互利合作、多元发展、协同保障的新能源安全观。

一 （Vivoda，2009）。实证研究结果显示，各国单个石油进口易受伤指数值和总体石油进口易受伤指数值有相当大的差别。[①] 而且，较好的石油进口来源会产生显著的改善。石油进口来源多元化可以分散和降低风险。[②]

当前中国石油来源过于依赖中东和非洲地区，而且这些石油进口来源地的地缘政治风险、外部政治干涉风险和能源民族主义风险明显增大。中国石油进口来源于潜在不稳定国家的比例提高，中国领海因为海底富含油气被周边邻国觊觎而成为争议地区（Kiesow，2004）。中国面临的油气进口风险可能比其他石油进口国都高。

我国已经注意到能源进口来源多元化的重要意义，并取得了初步的成效。未来中国在强调提高能源独立性和节能减排的同时，要继续高度重视能源贸易多元化，特别是进口来源地多元化，汲取欧盟的经验教训，在加强与主要进口国能源合作的基础上进一步扩大从中亚、北美、拉美和非洲以及太平洋地区的能源进口，稳定从中东、东南亚、俄罗斯的能源进口，在上海合作组织框架下加强与俄罗斯、中亚各国的能源合作，提高能源经济合作水平，促进地区经济发展，但是要防止能源过度依赖俄罗斯的供应。我国要扩大对蒙古、朝鲜等周边产煤国的投资和进口。

二 能源进口物流方式和路径多元化战略

能源物流方式、物流设施条件与路径需要与能源贸易规模、品种结构

[①] 基于石油进口值占 GDP 比重、单位 GDP 的石油消费量、人均 GDP、总能源供给中石油占比、石油国内储备量占消费量的比例、净石油进口依赖度、供应来源多元化、石油供应国政治风险和市场流动性指标，古普塔（Gupta，2008）建立了一个相对石油进口易受伤指数，较高的指数反映较大的易受伤害程度。埃迪格和贝克（Ediger and Berk，2011）建立了一个基于初级能源消费中原油依赖度、原油进口开支占 GDP 比重、进口来源非多元化和石油占总能源进口比例四个指标的石油进口易受伤指数，发现这些因素贡献大体相等，当油价升高时指数总体变坏。

[②] 从每个石油供应地区进行长期连续月度的进口能够分别降低平均 71% 和 2.9% 的特别风险和系统风险；如果进口从中东高风险地区分散到相对较低风险的欧美地区，能够实现南非石油进口显著降低特别风险的目的（Wabiri 和 Amusa，2010）。

以及来源地或目的地相匹配和适应，在物流结构与地理分布上实现多元化，尽可能实现物流能力强、物流距离短、物流成本低、物流风险小，做到货畅其流，确保能源物流安全。

我国煤炭进口主要通过海上船运和陆上车载两种方式进行，运输路线和装卸条件比较有安全供应保障。油气进口主要依靠海上油轮和陆地管道两种方式运输，运输容易受到过境海域或国家的政治、军事、社会动荡的影响以及犯罪分子的破坏，造成安全风险。目前我国已经从西线、北线、南线三个方向规划建设通向中国的油气管线。已经建成的西线中哈石油管道未过境第三国，是安全性较高的运输线，应该继续重点投资和建设。中哈石油管线向北可延伸至俄罗斯，向南可延伸至土库曼斯坦，并连接伊朗，形成放射状的管网。自土库曼斯坦经乌兹别克斯坦、哈萨克斯坦通往中国新疆的中亚天然气管道已经建成并投产运营。中俄从战略协作关系大局出发，正积极推动通过泰纳线向中国大庆的工程建设供油和运营。为了增加石油运输安全性，中国提出建设中缅石油管线的方案，建设工程已经展开。"十二五"期间，我国要建设中哈原油管道二期、中缅油气管道境内段、中亚天然气管道二期，以及西气东输管道三线、四线工程，建设输油气管道总长度有15万千米左右，加快石油、天然气储备设施建设。鉴于阿富汗、巴基斯坦的动荡局势短期内不会平复，我国宜缓建过境巴基斯坦的任何油气管线或其他运输路线，避免卷入地区动荡。

马六甲海峡是世界上最具战略性的咽喉要道，其次就是霍尔木兹海峡。马六甲海峡漫长的通道是波斯湾和东亚之间的最短运输路线，大约每天经过马六甲海峡的船只达5万艘，运输着1500万吨石油及石油产品。中国油船主要由此经过。中国对美国干预马六甲海峡、中国南海海域严重担忧。这在一定程度上是因为大约80%的中国能源供应要通过美国及其盟友控制的海上咽喉要道。美国正在恢复与印度尼西亚军队的关系，试图稳固控制这一海上战略通道。中国要积极与美国加强海上安全和自由通航的沟通与磋商，确保双方不出现误判和造成安全威胁。

目前中国油气进口的运输主要靠外国航运公司，似乎外籍航运公司比本国的略微安全一些，这里存在中国在国际航运市场上遭受排挤的问题。

我国要逐步打造内资控制的世界一流航运力量，减少外国航运公司的承运比例，提高运输安全性。

虽然能源物流具有多元化路线，中国仍需要把海上丝绸之路看成长期的最近、最安全的能源来源路线。随着世界能源供求紧张加剧，周边国家对中国东海①、南海的争夺可能会持续下去。因此，周边国家对中国能源运输路线的威胁应被看成侵犯了中国国家安全。为了进一步加强石油供应链和运输安全，中国石油公司与解放军要更加坚定地捍卫中国东海、南海的海上丝绸之路。我国海监船和解放军在中国南海活动已经向南海周边国家发出明确信号，中国一如既往地坚决捍卫南海的主权和领土完整，确保我国和平崛起不被西方阴谋陷害所遏制。

我国要总结印度洋上打击海盗和护航的经验，增强海运和海军护航能力，确保我国自波斯湾、非洲、太平洋、拉美地区进口油气和煤炭的航运自由与安全。中国需要建立若干支强大的远洋海军力量，分布于我国能源进口的海洋供给线和贸易通道上，确保航行自由和安全。其中一支驻守于斯里兰卡，一支驻守于南沙群岛。

三　能源进出口贸易及经营主体多元化战略

目前中国能源国际投资与贸易主要由三大国有石油公司主导，中国能源贸易主体隐含缺乏多元化的风险。三家国有能源企业控制的进出口贸易与国际投资避免了海外盲目竞争问题，确保了战略能源需求，为国内能源市场稳定发展做出了贡献。但是，新形势下全球能源供求形势总体趋紧，能源竞争进一步加剧。中国如此大规模的能源供给仅仅依靠几家国有石油公司完全解决带有很大的风险性。中国能源贸易、投资、经营与储备等主体的多元化是必须采取的战略步骤。

江泽民（2008）指出，我国应"建立有利于能源可持续发展的体制机制，使市场配置能源资源的基础性作用得以充分发挥，同时加强和改善

---

① 中国东海上中日重叠的排他性经济区成为争议的中心。估计中国东海储藏接近17.5万亿立方英尺天然气和2000万桶石油。造成紧张的主要原因就是那里的自然资源开采权。中日相互警惕对方的军事建设，中日东海划界的重启谈判似乎变得不可能。

政府的引导与管理"。中国应实行能源进出口贸易和国内石油市场主体多元化战略，深化能源市场化改革，积极规避油气进口价格风险，消除抬高油价的不利因素，确保国内能源市场长期合理价位和持续足额供应。

在现有主体基础上要进一步放开能源市场准入，特别是进出口贸易经营权，鼓励更多的国有企业、民营企业、外资企业参与中国能源进出口贸易和国内市场竞争（夏先良，2009）。尽管我国开始逐步放宽民营企业、外资企业从事能源进出口贸易和能源生产加工以及国内分销的条件，但是进入市场的难度依然很高，市场准入的"玻璃门"现象没有得到根本解决。所以，我国要深化能源市场改革，开放能源市场，允许更多其他国有企业、民营企业、股份制企业、外资企业等进入能源市场。国家能源贸易战略需要考虑积极利用一切力量共同解决未来能源问题，并让市场参与者获得与其贡献相应的回报。这对于提高市场效率，以合理价格提供能源，满足正常市场需求，发挥能源安全保障作用都具有重要意义。

四　能源进口结构和进口方式多元化战略

国际能源进口贸易有现货贸易、期货贸易、长期供货合同、投资取得的份额油气、易货贸易等多种形式，贸易风险和安全性各有优劣差异。现货市场交易是进口贸易的主流，但受价格波动因素影响较明显，风险不易控制和消除。期货市场交易可以在一定程度上消除价格风险，带有一定的金融投资风险。我国能源期货市场不发达，需要加快能源期货和金融化进程。长期供货合同能够确保能源稳定供求，控制双方风险，一般需要双方谈判协商一致达成合同，按合同条款进行交易。对外直接投资或者海外证券市场并购获得的油气权益，不存在价格风险，但承担投资风险，权益体现为投资回报。易货贸易本意是两种不同商品未经货币媒介而直接交易的行为，现实中常表现为以粮食换石油、以技术服务换油气、以贷款换油气等形式，这种易货贸易既可能是一事一议的现货贸易，也可能是双方磋商达成的长期供货协议。总之，能源领域里贸易形式多种多样。当前我国油气进口也采取形式多样的多元化贸易方式，以确保来源可靠和规模足够的能源进口满足国内市场需求。

中国石油产品进口的多元化风险和海运风险低于原油进口风险；中国油品进口平均回报率也高于原油进口水平；油品进口平均价格方差低于原油进口的平均价格方差，油品进口的价格系统风险较低。所以，中国应增加油品进口，以降低原油进口风险（Wu，Liu和Wei，2009）。

我国在不断扩大天然气的勘探与开发的同时，积极开展天然气输出国与消费国的国际合作，实现天然气进口多元化，做到PNG与LNG进口的合理布局、匹配，加速天然气上、中、下游基础设施的建设（胡见义，2006）。

五　能源互利合作战略

中国寻求能源安全的手段和目标趋向多元化。其中，能源互利合作是重要的战略手段之一，把加强对话与合作作为寻求共同安全的重要途径，在能源互利合作和对话中实现能源长期可持续供应，规避潜在的能源贸易风险。江泽民（2008）指出，我国"在努力增加国内能源供给的同时，应统筹国内能源发展和能源对外开放，进一步加强能源国际合作，把能源'引进来'与'走出去'更好地结合起来，……在能源、资源和环境领域的对外交往中，应体现和平、发展、合作的要求，奉行互利共赢的开放战略，本着平等相待、互利互惠的原则，积极开展国际能源政策和环境政策的对话协调"。这句话全面阐述了能源互利合作战略思想的深刻内涵。

中国能源安全和能源贸易战略主张互利合作，中国不搞能源重商主义和贸易保护主义。中国在积极加快"走出去"获取能源的同时，积极扩大能源对外开放，引进能源供应国资金和技术，进行广泛的能源合资合作，例如引进沙特阿拉伯投资石油加工提炼业务，俄罗斯在华合资合作分享天然气市场利益。西方一些跨国能源公司，比如康菲、道达尔、BP等在华都有许多能源投资业务。

中国能源贸易的互利合作战略是通过战略对话方式加强能源贸易政策沟通和协调，鼓励能源市场改革和开放，开展能源节约和提高能效的技术转让。没有建设性合作，就可能出现竞争、对抗和误解，甚至会产生美国利用其能源政治工具削弱和遏制中国的现象，那样将导致全球能源市场政治化。对非传统安全威胁以及对非军事手段解决安全威胁的重视是中国"新安全观"的一个核心内容（王海滨、李彬，2007）。中国需要积极开展能源外交，避免能源政治化和军事化，谋求以与有关各方能源互利合作的方式增强能源安全。

第五节　各国促进能源贸易与投资的主要做法

一　各国能源贸易促进的措施

美国的能源贸易促进措施。北美自由贸易协定（NAFTA）关于能源贸易的规定除了《能源宪章条约》规定的条款之外，还包括许多其他针对能源行业的特殊规定，其中一个重要的方面就是关于"自由贸易"的条款。除了在 WTO 规则下实施的条款以外，北美自由贸易协定针对某些措施规定了额外的条款，这些条款的目的明确，旨在促进"自由贸易"，尤其是与补贴和倾销有关的立法规定。美国的能源出口促进措施主要针对发展中国家，原因在于发展中国家有更多的发展机会，这些机会不限于油田和资源富产国的其他项目，即使是没有油井或者煤矿的发展中国家仍然需要发电或者进口电力，因此美国官方希望为美国企业尽可能地获取更多的合同，以此提高美国企业向天然气设备商、电力公司、石油钻井商和其他潜在的顾客销售产品或提供服务的业绩。美国的能源贸易政策有三个原则，即安全问题优先于多边规则、区域协定凌驾于全球规则、美国政策的主要目的在于贸易促进而非贸易监管。美国促进能源出口的具体措施包括开展科技研发合作项目、召开合作会议、提供技术援助以及相关的信息活动。美国的国际发展机构（AID）、进出口银行（EIB）、海外私人投资公司（OPIC）、贸易和发展局（TDA）等机构提供能源出口贷款和担保，进一步为能源出口促进计划提供了帮助。

菲律宾的能源贸易促进措施。菲律宾在 1998 年的《石油行业下游产业法案》中提出了促进能源自由贸易，防止卡特尔化，防止垄断，将贸易限制与该行业内其他任何不公平竞争措施结合在一起的行为，分两个阶段实施石油行业的监管，对进口原油和石油精炼产品一律征收统一的3%的关税，开放石油行业下游产业（例如进口、出口、制造、分销等），在五年之内获得出口鼓励措施。

亚太经合组织的能源贸易促进措施。亚太经合组织（APEC）通过了《非捆绑能源政策原则》，其中包括逐渐减少能源出口补贴，促进能够反映能源供应的经济成本的定价措施，考虑能源使用的环境成本，鼓励在成员国之间开展常规的政策交流会，以便达到较为合理的能源消费，鼓励开放能源市场，以便达到合理的能源消费、能源安全和环境保护的目标，建议通过APEC论坛的形式消除达到上述目标的障碍。

赞比亚的石油贸易促进措施。赞比亚关于石油贸易促进主要有两个法案，一是在2010年通过并开始实施的《竞争与消费者保护法案》（2010年第24号），这一法案的内容包括保护消费者免受石油行业不公平贸易行为的影响。二是2003年赞比亚通过的《能源监管（修正）法案》（2003年第23号），作为对1995年的《能源监管法案》的修正。这一法案的主要内容包括建立能源监管董事会（ERB）并对其功能和权力加以界定、为能源生产商提供执照等，该法案的主要意义在于将能源监管董事会作为能源行业的监管机构。

东南非共同市场的能源出口促进措施。东南非共同市场（COMESA）在促进东南非洲国家和地区之间的能源出口公平贸易方面有许多措施，颁布了几项法案条款，例如针对倾销的51条、针对成员国提供补贴的51条、针对补偿性关税豁免权的53条、针对石油管线运输的90条、针对能源贸易的107条，其中，107条完整地提出了约束成员国能源贸易行为的具体规定，即成员国同意建立一种旨在促进能源燃料贸易的机制，成员国必须同意在联合生产能源产品以及实施国家电网相互连接方面开展广泛合作。

二　各国能源投资的影响因素及促进的措施

（一）影响因素

整体而言，在东道国吸引能源投资的影响因素中，关键的因素是东道国在市场规模和市场增长潜力方面的吸引力，自然资源的可得性，技术、基础设施服务等投入要素或者中间品的成本。经济因素与 FDI 的政策和机制性因素相互影响，提高或者降低 FDI 的东道国吸引力。

双边投资协定（BITs）对吸引外资的影响。许多学者在 1998～2008 年使用一系列经济计量方法来测算双边投资协定对 FDI 的间接影响。初期的实证研究结果显示，双边投资协定对于 FDI 的影响是模棱两可的（Banga，2003；Barry，2003；Nunnenkamp，2002；Tobin 和 Ackerman，2003）。2004 年以来，研究结果显示双边投资协定对于发达国家对发展中国家的 FDI 存在实际影响，尽管绝大多数双边投资协定并不改变 FDI 的关键性经济影响因素，但双边投资协定确实对政策和机制因素起到了促进作用，并由此提高了加入双边投资协定的发展中国家吸引更多 FDI 的概率（Blonigen 和 Davies，2004；Davies，2004；Gallagher 和 Birch，2006；Egger 和 Merlo，2007；Busse，Koeniger 和 Nunnenkamp，2008）。对投资者调查的结果也证实了双边投资协定对吸引 FDI 有实际影响，对于绝大多数被调查的各个行业的跨国公司而言，在作为东道国的发展中国家和转型国家中，双边投资协定在关于投资地点的最终决策方面发挥了关键的作用（Banga，2003；Hallward-Driemeier，2003）。越来越多的投资仲裁案件是以双边投资协定为基础的，这一事实进一步证明了跨国公司更加频繁地将双边投资协定作为投资决策的考虑因素。

政治因素的影响。在石油行业，国有石油公司代表其政府与外国投资者进行谈判是典型的做法。已经具备石油生产能力的国家通常可以占国有公司项目净利润的 70%～90%，并仍然引进外国投资。当石油开发项目在技术上非常复杂或者国内相应的技术能力不足时，引进外资是非常普遍的做法。随着石油价格的上涨，许多国家采取措施来提高国家所占的份额。例如，玻利维亚通过提高税负以及与外国石油公司进行重新谈判，使得国家所占的份额由 18% 上升至近 80%。

投资环境的影响。以石油投资项目和采矿投资项目为例，投资者极有可能关注对环境影响的评估以及东道国其他任何强制性管制措施和要求。投资者也会关心一系列较为深层次的金融问题，要求提供担保的安排，因为石油和采矿等资源性投资需要巨大的前期外围投资并且回收期相当漫长。对于东道国的法律和监管政策，外国投资者尤为关心，而且关于资源性行业投资的法律约束和监管对于外国投资者而言更为重要。"投资保护"是一个重要的考虑因素，投资者可以在大的法律框架下寻求"保护性条款"，即政府部门有权与投资者商议具体的投资协议。

商品价格和能源价格上涨的影响。近期全球的商品价格上涨对于能源行业的投资决策具有显著影响，主要的能源需求增长来自亚洲发展中国家，尤其是中国，亚洲的石油需求已经超过了北美。亚洲国家对矿产资源的密集使用与其所处的发展阶段相关，即基础设施和重工业的大力发展迫切要求使用能源。由图6-1可见，随着全球经济的迅速发展，国际能源价格将在未来20年内持续走高，原油价格和天然气价格保持近乎相同的变动趋势，并且引领全球能源价格的持续上涨。

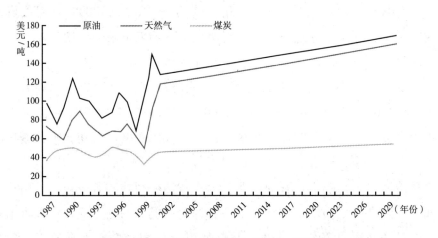

图 6-1　国际能源价格展望（1987~2030 年）

资料来源：IEA, World Energy Outlook 2002, p. 47。

国家能源安全战略进一步促使国有企业收购国外的矿产资源。能源行业的跨国并购吸引了全球的关注，有很大一部分原因在于政治敏感性。在石油和天然气行业，国有企业在过去的30年中逐渐取得了石油开发和提炼的控制权，国有石油公司目前已经控制了所有已知石油储备的82%。更进一步的，尽管发达国家的跨国公司仍然是石油和天然气行业的主要竞争对手，但发展中国家的国有企业作为重要的对外投资者正在崛起。例如，2010 年韩国国家石油公司收购了英国的丹娜石油公司，这一直被业界视为发达国家的企业被新兴经济体的国有企业恶意收购的第一大案。

转型国家跨国公司开展能源领域海外投资的主要目的不仅是确保国内的原材料的供应，更多的是提高对自然资源价值链的控制权，建立可持续的国际竞争优势，扩大在主要发展中国家的市场份额。例如，俄罗斯近年来在非洲开拓能源业务，2010 年俄罗斯的 Gazprom 公司与利比亚的国家石油公司（NOC）签署了三项石油开发和生产共享协议；俄罗斯政府与埃及政府签订民用核开发计划，允许俄罗斯公司参与埃及核电厂建设的竞标。

（二）投资促进措施

就促进对外投资的措施而言，许多发展中国家建立了海外投资机构（OIAs），其主要功能是通过帮助国内企业建立国际业务联系并以寻求海外业务机会的方式来促进并辅助发展中国家的企业对外投资。一些对外投资机构也提供技术援助，对可行性研究提供资金，对项目开发和项目启动提供帮助。另一个促进对外投资的重要措施是建立投资担保计划（IGS），尤其是对政治环境和法律环境不稳定的东道国的投资，促进对外投资的机构对鼓励发展中国家之间的对外投资而言尤为重要。

以马来西亚为例，许多对外投资促进机构本身也是促进出口机构的一部分，对外投资促进措施包括对由马来西亚海外投资企业汇回国内的收入实施税收减免、对海外投资提供担保。马来西亚进出口银行通过"海外投资部"为马来西亚企业的海外投资提供出口信贷，马来西亚出口信用保险公司提供海外投资保险业务以应付突发性的政治风险。与海外投资相匹配，这些海外投资保险业务需要涵盖克服市场进入问题、利用马来西亚的原材料和零部件、对南南合作有所助益等诸多方面。因此，马来西亚作为投资母国所采取的促进海外投资的措施与马来西亚企业在东南亚国家的投资密切相关。

以南非为例，产业发展公司（IDC）和南非发展银行为促进南非地区和非洲其他地区的私营部门项目的股权投资提供援助。除了直接参与金融投资以外，产业发展公司还帮助南非企业甄别海外投资机会。

就对外投资促进战略而言，许多国家建立了投资促进机构（IPAs），其面对的对象主要是发达国家的投资者。在发展中国家对外投资迅速增长的有利条件下，发展中国家的投资促进机构可以通过提供量身定做的投资促进措施的方式来鼓励对外投资。在这一背景下，降低海外市场进入成本的措施可以使得发展中国家更容易在其他发展中国家开展海外投资。发达国家也已经认识到发展中国家海外投资的潜力，例如，丹麦、瑞典、英国已经纷纷在中国建立了投资促进机构。

国际协议的作用。许多国际协议与能源行业的对外投资有关，双边投资协定（BITs）和多边投资担保机构（MIGA）是比较典型的代表。双边投资协定集中于保护海外投资免受东道国的国有化、强制性征收、非歧视性待遇的风险，能源行业海外投资的双边投资协定的价值主要依赖于条款的覆盖程度和力度。多边投资担保机构是世界银行的一个部门，主要保护投资者在发展中国家免受投资可能遇到的政治风险。《能源宪章条约》涵盖了能源领域从开始到最终使用的问题，其成员国包括来自亚洲和欧洲的51个国家以及包括美国、委内瑞拉和尼日利亚在内的19个观察员国家。《能源宪章条约》旨在促进能源市场的开放和竞争，通过建立普适规则来加强法律的作用，在石油和天然气行业提供稳定的和可信赖的国际投资框架。

就吸引外资的政策和措施而言，许多国家采取全方位的措施来改进本国的投资环境，增强本国对外国投资者的吸引力。以非洲国家博茨瓦纳为例，博茨瓦纳成立了博茨瓦纳出口发展和投资局（BEDIA），旨在为外国投资者提供"一站式服务"，包括资助外国投资者考察团的到访，在实际生产的过程中为投资者提供全程帮助和服务。此外，博茨瓦纳通过允许外国投资者收购当地的竞争对手，建立内陆港口，提供服务场地和工厂，加强博茨瓦纳在海外的投资促进宣传工作等方式来增强吸引外资的竞争力。

主要参考文献

［1］陈柳钦：《欧盟 2020 年能源新战略：欧盟统一路线图》，《中国新能源》2012 年第 1 期。

［2］葛振华、吴元元、徐荣华：《我国主要能源产品进出口贸易分析》，《中国国土资源经济》2007 年第 5 期。

［3］胡见义：《中国天然气发展战略的若干问题》，《天然气工业》2006 年第 26 卷第 1 期。

［4］江泽民：《对中国能源问题的思考》，《上海交通大学学报》2008 年第 42 卷第 3 期。

［5］罗勇：《中国的能源进口与能源的"替代消费"效应研究》，《全球科技经济瞭望》2009 年第 24 卷第 9 期。

［6］秦辰：《中海油专家称油价高低与垄断关系不大》，中国新闻网，2012 年 6 月 8 日，http：//finance. chinanews. com/ny/2012/06－08/3948086. shtml？_ fin。

［7］王海滨、李彬：《中国对能源安全手段的选择与新安全观》，《当代亚太》2007 年第 5 期。

［8］夏先良：《放宽外资准入调整石油业态结构》，《国际贸易》，2009 年 8 月。

［9］夏立平：《美国国际能源战略与中美能源合作》，《当代亚太》2005 年第 1 期。

［10］张希良：《从经济、能源与可持续发展、外交等角度看国家的能源开发及能源贸易》，2011 年演讲稿，http：//ls. edb. hkedcity. net/LSCms/file/web_ v2/prof_ dev/online_ course/modern_ china_ ches/event4/event_ 04_ speech. pdf。

［11］周永生：《21 世纪日本对外能源战略》，《外交评论》（外交学院学报）2007 年第 6 期。

［12］Aden, Nathaniel, and David Fridley, Nina Zheng, "China's Coal: Demand, Constraints, and Externalities", Berkeley National Laboratory, LBNL－2334E, 2009.

［13］Aune, Finn Roar, Knut Einar Rosendahl, and Eirik Lund Sagen, "Globalisation of Natural Gas Markets- Effects on Prices and Trade Patterns," *The Energy Journal*, Vol. 30, Special Issue, 2009.

［14］Belkin, Paul, "The European Union's Energy Security Challenges," U. S. Congressional Research Service Report for Congress, RL33636, 2008.

［15］BP, *BP Energy Outlook 2030*. BP, 2012. http：//www. bp. com/sectiongenericarticle800. do？categoryId＝9037134&contentId＝7068677.

［16］Dorraj, Manochehr, and James E. English, "China's Strategy for Energy Acquisition in the Middle East: Potential for Conflict and Cooperation with the United States," *Asian Politics & Policy*, Vol. 4, Issue 2, 2012.

［17］Ediger, Volkan S. and Berk, Istemi, "Crude Oil Import Policy of Turkey: Historical

Analysis of Determinants and Implications since 1968", *Energy Policy*, Vol. 39, Issue 4, 2011.

[18] Egger, Peter, and Nigai, Sergey, "Energy Demand and Trade in General Equilibrium: An Eaton-Kortum-type Structural Model and Counterfactual Analysis," CEPR Discussion Papers with number 8420, 2011.

[19] European Commission, *Energy* 2020, Luxembourg: Publications Office of the European Union, 2011.

[20] Gupta, Eshita, "Oil Vulnerability Index of Oil-importing Countries," *Energy Policy*, Vol. 36, Issue 3, 2008.

[21] IEA. *World Energy Outlook* 2011, http://www.iea.org/weo/.

[22] IEA. *World Energy Outlook* 2011, *Special Report on "Are We Entering a Golden Age of Gas"*. http://www.iea.org/weo/docs/weo2011/WEO2011_ GoldenAgeofGasReport.pdf.

[23] Ikonnikova, S. and Zwart, G. "Reinforcing Buyer Power: Trade Quotas and Supply Diversification in the EU Natural Gas Market," CPB Discussion Paper 147, 26042010. http://www.cpb.nl/en/publication/reinforcing-buyer-power-trade-quotas-and-supply-diversification-eu-natural-gas-market.

[24] Jabir, Imad. "The Dynamic Relationship between the US GDP, Imports and Domestic Production of Crude Oil ," *Applied Economics*, Vol. 41, Issue 24, 2009.

[25] Jiang, Julie, and Jonathan Sinton, "Overseas Investments by Chinese National Oil Companies: Assessing the drivers and impacts," IEA Information Paper, 2011.

[26] Kiesow, Ingolf, "China's Quest for Energy: Impact upon Foreign and Security Policy," FOI – Swedish Defence Research Agency, 2004.

[27] Lieberthal, Kenneth and Mikkal Herberg, "China's Search for Energy Security: Implications for U. S. Policy," NBR Analysis Volume 17, Number 1, April 2006.

[28] Ministryof Economy, Trade and Industry, Japan, *The Strategic Energy Plan of Japan-Meeting global challenges and securing energy futures*, Revised in June 2010.

[29] Pop, Irina Ionela, "China's Energy Strategy in Central Asia: Interactions with Russia, India and Japan", UNISCI Discussion Papers, No. 24, October 2010.

[30] U. S. Energy Information Administration. *International Energy Outlook* 2011. DOE/EIA – 0484 (2011), September 2011.

[31] Vivoda, Vlado, "Diversification of Oil Import Sources and Energy Security: A Key Strategy or an Elusive Objective?" *Energy Policy*, Vol. 37, Issue 11, 2009.

[32] Wagner, Gernot, "Energy Content of World Trade," *Energy Policy*, Vol. 38, Issue 12, 2010.

[33] Wabiri, Njeri & Amusa, Hammed, "Quantifying South Africa's Crude Oil Import Risk: A Multi-criteria Portfolio Model", *Economic Modelling*, Vol. 27, Issue 1, 2010.

[34] Wu, Lei, and Xuejun Liu, "The 'China Energy Threat' Thesis and Sino-U. S. Relations: A Critical Review", *Journal of Middle Eastern and Islamic Studies* (*in Asia*) Vol. 1, No. 1, 2007.

[35] Wu, Gang, Liu, Lan-Cui, and Wei, Yi-Ming, "Comparison of China's Oil Import

Risk：Results Based on Portfolio Theory and a Diversification Index Approach，" *Energy Policy*，Vol. 37，Issue 9，2009.

[36] Zhang，Jian. "China's Energy Security：Prospects，Challenges，and Opportunities，" The Brookings Institution Working Paper，2011.

[37] Zhao，Xingjun，and Wu，Yanrui. "Determinants of China's Energy Imports：An Empirical Analysis"，*Energy Policy*，Vol. 35，Issue 8，2007.

第七章　能源储备与能源安全

第一节　能源储备体系的重要意义

能源储备是应对能源供应中断等突发事件的重要手段，是保证能源市场平稳运行的稳定器。如果没有能源储备，能源供给体系将是不完善的、脆弱的、经不起风浪考验的，一旦出现供应中断问题，将会直接影响到能源的正常供应，造成巨大的经济损失。能源储备体系的目的就是应对能源供应中断风险，减少能源供应中断对经济造成的冲击。正式的能源储备体系始于1973年第一次石油危机，为了应对欧佩克的石油禁运，发达国家联手成立国际能源署，当时国际能源署要求成员国至少储备60天的石油。石油不但是最早建立战略储备体系的能源，而且也是最重要的储备能源，因此本节主要以石油储备体系为例，对能源储备体系的重要意义加以说明。

一　能源储备是应对能源供应中断的重要手段

20世纪后半段，世界石油市场发生了超过10次的供应中断。其中较大的石油危机有三次，分别在1973～1974年、1979～1980年和1990～1991年。三次石油危机均是由人为中断石油供应引起的，分别是第一次石油危机时的"赎罪日战争"（Yom Kippur War）和阿拉伯石油禁运，第二次石油危机时的"伊朗革命"和两伊战争，第三次石油危机时的"海湾战争"。不同的中断，以及它的持续时间和造成的损失如表7-1所示。

其中，"毛损失"是指中断国家不可再使用的产油数量。这些中断持续的时间从两个月（1967 年以色列和阿拉伯国家的 6 天战争）到欧佩克利雅得协定中的减少石油供应大约一年。供应中断造成的供应毛损失从 60 万桶/天（1971 年的阿尔及利亚的石油公司收归国有运动）到 300 万桶/天（1990 年的第一次海湾战争）。

表 7 - 1　自 1950 年以来的石油中断

事　件	时　间	持续时间（月）	供应毛损失（百万桶/天）	总供应毛损失（百万桶）
伊朗石油公司收归国有(1)	1951～1954 年	44	0.7	940
苏伊士危机(2)	1956～1957 年	4	2.0	245
叙利亚过境纠纷(3)	1966～1967 年	3	0.7	65
以色列和阿拉伯国家的 6 天战争(4)	1967 年	2	2.0	120
利比亚价格纠纷；管线破坏(5)	1970～1971 年	9	1.3	360
阿尔及利亚石油公司收归国有(6)	1971 年	5	0.6	90
OPEC 对美国和荷兰的石油禁运(7)	1973～1974 年	6	6.0	475(756)
伊朗革命(8)	1978～1979 年	6	6.0	640(1008)
两伊战争(9)	1980 年	3	3.0	300(360)
海湾战争(10)	1990 年	3	3.0	420(378)
OPEC 利雅得协定(11)	1999～2000 年	12	12.0	>1000

资料来源：Horsnell, P. , The probability of Oil Market Disruptions：With an Emphasis on the Middle East, CIPE and James A. Baker Ⅱ Institute for Public Policy, 2000（括号内为 IEA 数据）。

石油危机造成的石油供应中断使石油价格暴涨，并且在 1973 年和 80 年代中期，石油危机造成的影响不断增大。1973～1974 年第一次石油危机时，国际油价从 3 美元涨到 12 美元，在一年内油价上涨了 3 倍。尽管造成石油价格上涨的事件（OPEC 对美国和荷兰的石油禁运）早已结束，石油价格水平在那整个十年间一直在新的水平上。1979～1980 年第二次石油危机时，油价从不足 15 美元迅速突破 30 美元和 35 美元两个大关，涨幅超过 1 倍，高油价保持了好几年。1990～1991 年第三次石油危机时，油价仅用了 90 天便从 14 美元飙升到 40 美元以上。从图 7 - 1 中可以看到，石油供应中断并不总是会转变为石油价格的急剧升高。一方面，由于供应者弥补供应不足的意愿和能力，或者由于长期价格和供应与合同的存在（主要是 1973 年之前），一些事件对价格几乎没有影响。另一方面，一些数量不大的中断会导致巨大的和长期的价格上涨（例如1973年和1979～1980年的事件）。①

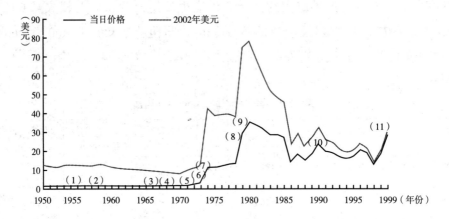

图7－1　1950～1999年（Brent，石油价格平均每年值）

注：图中的数字为表1中提到的危机。

资料来源：BP, Statistical Review of World Energy, 2003。

石油供应中断不但使石油进口国花费更多的费用来进口石油，而且导致了经济衰退，给各石油进口国经济造成数以亿计的经济损失。虽然有关油价上涨对经济破坏的研究结果存在很大差异，但是原油价格的剧烈波动毫无疑问会对经济产生显著的影响。高油价可以通过几种渠道影响全球经济（IMF，2000）②：收入从石油消费者向生产者的转移，商品和服务价格的改变，对整体价格和通货膨胀的影响，对金融市场的影响，石油供应（通过投资）和需求对价格变化的反应。在每次油价冲击之后的1～2年，石油进口国的经济增长都会急剧下滑。③从图7－2中可以看到，1970年代、1980年代以及1990年代石油价格的上涨都带来全球经济增长速度的衰退。表7－2列出1973～2004年几个时间段内石油价格波动对发达国家GDP增长的影响程度。

① Leiby, Paul N. and David C., The Value of Expanding the U. S. Strategic Petroleum Reserve, Oak Ridge National Laboratory, ORNL/TM－2000/179, November 30, pp. 13－14.

② IMF, The Impact of Higher Oil Prices on the Global Economy, December 2000, p. 10, 13.

③ IEA. World Energy Outlook 2006, p. 302.

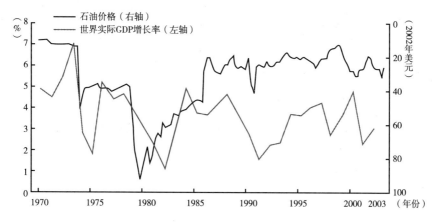

图 7-2 全球经济增长和石油价格

资料来源：IMF，World Economic Outlook（WEO）—— September 2003，p.56。

表 7-2 原油价格变化对发达国家经济增长的影响

时 间	初始价格（美元/桶）	最高价格（美元/桶）	上涨幅度（美元/桶）	对 GDP 增长率影响	
				十亿美元	百分比
1973～1974 年	3.3	11.6	8.3	-8.8	-2.6
1978～1980 年	12.9	35.9	23.1	-23.2	-3.7
1989～1990 年	17.9	28.3	10.4	-3.8	-0.2
1999～2000 年	18.0	28.2	10.3	-9.6	-0.4
2003～2004 年	28.9	37.3	8.4	-10.7	-0.3

资料来源：http：//www. nautilus. org/aesnet/2005/AUG0305/PRC_ OilStorage. pdf 以及国研专稿《油价高位运行对我国经济增长的影响分析》，国研网，2006 年 4 月 28 日。

　　世界各国建立战略石油储备的主要目的是为了减轻石油中断或者石油价格上涨给经济带来的冲击。战略石油储备的释放在石油危机中对减少 GDP 损失发挥了重要的作用。根据 GAO（2006）的研究，通过释放战略石油储备，石油中断造成的 GDP 损失能够得到部分甚至全部的消除（见表 7-3）。

　　为什么要由国家来建立石油储备？这是因为石油供给冲击会影响到国民经济的多个部门，社会成本总是比私人成本大。因此，石油使用企业和私人消费者从他们的自身利益出发不会有足够的激励来保证他们自己和国家不受石油冲击的影响。也就是说，私人领域会储备石油，但是储备水平会少于社会最优水平。由于大部分冲击的成本是外部化于私人领域的成本－收益考虑的，对战略石油储备的公共投资就是必需的。战略石油储备能够缓和石油供给的损失以及缓和主要石油价格的冲击，是应对供应中断和价格波动的直接和有效的手段。同时，私人储备的成本太高、时间太长，对私人部门的直接收益太低。这样，由于私人部门不愿意也没有能力，公共部门就有责任建立和保持战略石油储备。

表7－3　战略石油储备和国际储备减少 GDP 损失的能力（根据 EIA 模型测算）

单位：十亿美元

假设的石油供应中断情景	中断产生的 GDP 损失	能够通过战略石油储备消除的损失	
		SPR	SPR 和国际储备
波斯湾飓风	0.4～1.0	0.4～10.	0.4～1.0
委内瑞拉罢工	2.6～7.5	2.6～6.3	2.6～6.3
伊朗禁运	34～99	15～38	23～60
沙特恐怖活动	21～71	13～34	15～38
霍尔木兹海峡关闭	16～48	6.7～17	19～34
沙特阿拉伯停产	137～442	11～31	24～66

资料来源：GAO, Strategic Petroleum Reserve：Available Oil Can Provide Significant Benefits, but Many Factors Should Influence Future Decisions about Fill, Use, and Expansion. 2006, p. 33。

世界各国都希望建立起一个安全的储备水平，但战略石油储备的规模并不是越大越好。虽然石油储备的规模越大，越有可能完全弥补石油供应中断造成的供给缺口，从而更大程度地降低石油供应中断造成的 GDP 损失，但是建立战略石油储备是要花费成本的。储备规模的确定可以利用成本－收益分析（Cost-Benefit Analysis）方法。[①] 项目（或政策）的成本－收益的评价主要是通过对比存在该项目（或政策）时与没有该项目（无替代的项目计划）时的净收益做出的，因此在进行成本－收益分析时，

---

① 对成本－收益分析方法更详细的介绍可参考 Jeroen de Joode, Douwe Kingma, Mark Lijesen, Machiel Mulder, Victoria Shestalova, Energy Policies and Risks on Energy Markets：A Cost-benefit Analysis, Netherlands Bureau for Economic Policy Analysis, http：//www.cpb.nl。

需要对项目/政策的成本、收益进行识别和定量分析。战略石油储备的最优储备水平同样是基于对储备成本和收益的评估确定的。成本的估计比较直观，可以用建立、储存和投放石油储备的支出来估计；收益的计算可以通过消费者和生产者剩余的改变来进行。通过成本和收益的比较，就可以找到储备规模的最优水平。国际能源署（IEA）的指引为储备水平等于90天的供应量。

二　能源供应中断的风险仍然存在

（一）形成能源供应中断的因素

1980年代以来，由于以下几个方面的原因，石油价格波动的影响变得不那么强烈，一是20世纪70年代和80年代早期的高油价促使对能源节约的大量投资，经济由能源密集型向能源分散型转变，经济的石油消耗强度下降；二是能源现货和期货市场的发展增强了市场参与者应对油价波动的弹性，从而减少了高油价对经济的伤害作用。尽管供应中断对价格的影响没有以前那么大了，但是形成能源价格不稳定和能源供应中断的因素仍然存在。这些因素可以被划分为（地缘）政治事件、石油市场组织的发展、经济因素和技术特征。①技术特征。一些研究者预计油田开采枯竭的危险正在迫近，石油产量在21世纪的头十年将会达到高峰，随后将会开始下降。但从短期和中期来看，油田的技术性特征对于石油市场没有任何严重的风险。②经济因素。石油产能是由过去的投资形成的，因此如果原油开采能力和炼油能力的投资不足，当受到气候变冷、战争等外部冲击时，石油的供应很可能无法满足需求，并导致油价的上涨。因此剩余的生产能力（包括采油和炼油）是决定世界石油市场价格的一个关键因素。③石油市场组织结构。石油市场组织结构会对石油价格变化起到极其重要的作用。由于OPEC占有世界一半以上的石油储量（并且该份额会由于其他地区油田的枯竭而上升），未来OPEC仍然是石油市场的主要控制力量并对石油价格产生重要影响。④政治事件。地缘政治事件可以导致石油供应在短期和中期内发生突然的和剧烈的中断。中东地区的稳定仍然是最主要的政治因素。Leiby（2004）将1950~2003年的供应中断归纳到四种因素中。可以看到，中东地区的战争造成的供应中断规模最大、持续事件最长，而偶然事件的影响最小（见表7－4）。

表7－4　1950～2003年石油市场中断的类型

类型	数量(次)	持续时间(月)	规模(占世界供给的比重,%)
偶然事件	5	5.2	1.1
国际政治斗争	9	6.5	2.3
国际禁运/经济争端	4～6**	11.0(6.1*)	6.2
中东地区的战争	4～7**		
全部/平均	24	8.1(6.0*)	3.7

注：＊不包括持续44个月的伊朗油田的国有化；＊＊一些事件难以分类。

资料来源：Leiby, P. N. Impacts of Oil Supply Disruption in the United States and Benefits of Strategic Oil Stocks. Paper presented at the International Energy Agency-Association of Southeast Asian Nations Workshop, "Oil Supply Disruption Management Issues," Cambodia, April 5-8, 2004。

（二）我国的石油进口依赖和石油供应中断风险

随着经济的高速增长，我国的石油消费量也大幅度增长，石油的对外依存度不断提高，2010年超过55%。同时，我国石油进口的来源地过于集中，特别是主要依赖于中东地区，石油的国际运输通道也存在很大的风险。

随着国民经济的快速发展、城市化的推进和人民生活水平的提高，我国对石油的需求也呈现快速增长的态势。1990年以来，我国石油消费的增长速度居世界第一位，远远高于世界平均增长速度。根据BP发布的报告，1990～2011年，全球石油消费量从31.58亿吨增长到40.59亿吨，年均增长率仅为1.2%。其中OECD国家的消费量从19.40亿吨增长到22.92亿吨，年均增长0.36%。发展中国家和新兴工业化国家石油消费的增长速度高于OECD国家的增长速度。其中，印度年均增长5.03%，韩国年均增长3.69%，巴西年均增长3.08%。而同期中国石油消费量的年均增幅达到6.94%。我国石油消费增长量占到全球石油消费增长量的38.7%，石油消费量占全球石油消费量的比例也从3.6%提高到11.4%。①

---

① 国际能源署（IEA）与国家统计局发布的数据不完全一致，但相差不大，不会影响到文中的趋势性判断与国家间的比较。

在国内消费量快速增长的同时，国内石油产量虽然也在增长，但是由于国内探明油气资源相对不足，国内原油产量难有大的增长，因此国内需求和供给的缺口不断拉大。1990 年，国内石油生产量为 13830.6 万吨，2009 年增长到 18949 万吨，年均增长速度仅为 1.67%。相比之下，石油消费量增长迅速，这导致石油产量与消费量的缺口不断扩大，到 2009 年达到 19435.5 万吨（见图 7 – 3）。中国石油产量与消费量的差额直接决定了石油进出口情况的变化。1990 年代初，中国石油生产自给有余并能够向国外出口，1990 年出口量达到 3110.4 万吨，进口量为 755.6 万吨。1990 年以来，石油进口量虽在个别年份有所波动，但总体上呈现持续增长的趋势，1990～2009 年石油进口量年均增长速度高达 20.4%。自 1993 年开始，我国成为石油净进口国，当年石油净进口 1109.2 万吨，此后石油净进口量一路上扬，2003 年超过 1 亿吨，2008 年超过 2 亿吨，2009 年达到 2.17 亿吨（见图 7 – 4）。国内外许多机构对未来中国的石油需求和供给能力进行了分析，普遍预测到 2020 年中国石油需求和供给的缺口将达到约 800 万桶/天，2020 年中国的石油进口依存度有可能超过 70%。表 7 – 5 是国内外研究机构对 2020 年中国石油需求和供给进行的预测。

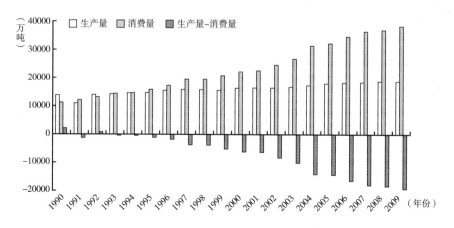

图 7 – 3　1990～2009 年中国石油生产量、消费量及其缺口

资料来源：《中国统计年鉴》有关各年的"石油平衡表"。

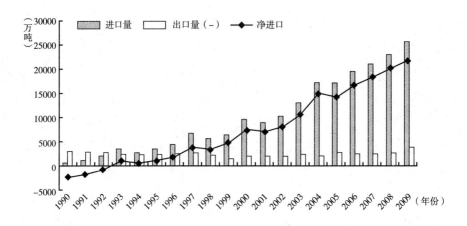

图 7 - 4   1990 ~ 2009 年中国石油进出口情况

资料来源：历年《中国统计年鉴》。

同时，中国的石油进口来源过于集中。虽然近年来中国在努力分散石油进口的风险，但是进口来源地仍然主要集中在中东地区（见表 7 - 6）。2010 年占中国石油进口量前 10 位的国家中有 6 个是中东国家，中国从这 6 个国家进口的石油占全部石油进口量的近 50%。而中东地区的政治、军事局势很不稳定，其供应的稳定性难以保证。石油进口的地区和国家过于集中，使我国的石油供应安全容易在主要石油出口国因政治、军事等原因造成出口量下降时，受到严重威胁。更为严重的是，从中东、非洲进口石油主要通过马六甲海峡进行运输。据统计，2006 年每天通过马六甲海峡的原油占世界原油需求量的 14.3%，但是马六甲海峡这条航道的控制权掌握在别的国家手中。当中东地区发生动乱或者马六甲海峡被封锁时，会对我国石油供应安全造成极大威胁。

表 7 - 5   2020 年中国石油需求和供给预测

单位：百万桶/天

来　　源	需求	供给
美国能源信息管理局（EIA，2006）	11.7	3.8
中国国家发展与改革委员会（2006）	10 ~ 12	—
中石油（2006）	10.0	4.0

续表

来　源	需求	供给
日本能源经济研究所（IEEJ,2005）	11.8	3.8
国际货币基金组织（IMF,2005）	13.6	3.0
中国能源研究所（2005）	13.0	—
国际能源署（IEA,2005）	11.2	—
中国国家统计局（2004）	12.7	4.0

资料来源：The Brookings Institution, Brookings Foreign Policy Studies Energy Security Series：China, 2006, p. 9。

表 7 - 6 　2000 年、2005 年和 2010 年对中国出口前 10 位国家所占比重

单位：%

	2000 年		2005 年		2010 年	
	国家	比重	国家	比重	国家	比重
1	阿曼	22.29	沙特阿拉伯	17.45	沙特阿拉伯	18.6
2	安哥拉	12.29	安哥拉	13.74	安哥拉	16.5
3	伊朗	9.96	伊朗	11.23	伊朗	8.9
4	沙特阿拉伯	8.16	俄罗斯	10.05	阿曼	6.6
5	印度尼西亚	6.61	阿曼	8.53	俄罗斯	6.4
6	也门	5.14	也门	5.49	苏丹	5.3
7	苏丹	4.72	苏丹	5.21	伊拉克	4.7
8	伊拉克	4.53	刚果	4.36	哈萨克斯坦	4.2
9	越南	4.50	印度尼西亚	3.21	科威特	4.1
10	卡塔尔	2.26	赤道几内亚	3.02	巴西	3.4
前 3	44.54		42.42		44.00	
前 10	80.46		82.29		78.70	
总进口（万吨）	7026.53		12708.32		23931.14	

资料来源：根据《国际石油经济》有关文章数据整理计算。

天然气具有清洁、环保、热值高、输送方便的优点，未来较长一段时期内，国内天然气需求将快速增长，天然气替代煤炭、液化石油气及其他能源的比重不断提高。尽管我国天然气的对外依存度比较低，但是由于我国天然气产量增长远低于需求的增长，缺口越来越大，只能通过在沿海和内陆进口 LNG 和管道天然气弥补缺口，天然气对外依存度将显著提高，未来天然气供应存在较大风险。根据 BP 的统计，2011 年我国天然气生产

量和消费量的差额为 282 亿立方米。2011 年通过管道方式从土库曼斯坦进口天然气 142.5 亿立方米，以 LNG 形式进口 166.2 亿立方米。因此，同石油一样，天然气的进口也面临进口供应中断的风险。此外，天然气主要通过管道方式在国内运输，存在因自然灾害等不可预见因素造成中断的可能。建立一定的天然气储备是防范市场供应突然中断，平抑价格波动，规避国际政治、经济、军事风险的需要。保证天然气安全稳定可靠的供应，对减少石油供应的依赖和压力，优化能源结构，也有积极意义。

煤炭资源丰富，容易给人以假象，它似乎是取之不尽、用之不竭的资源，到煤炭枯竭还有很长的时间。其实不然，我国煤炭资源开采量大，开采强度高，根据现有资源量和开采量计算，我国煤炭储采比低于世界平均水平，将来在煤炭领域我们也会面临与石油以及天然气同样的资源短缺问题。我国煤炭资源虽然丰富，但存在资源勘查、开发无序，资源回收率低的现象；煤炭品种存在结构失衡问题，在煤炭资源中，焦煤、肥煤是炼焦的骨架品种，是支撑钢铁产业发展的主要能源，在全球也属于稀缺资源。我国煤炭的生产地与消费地严重不均衡，今后几年铁路运输瓶颈制约不会得到根本改观，煤炭的大规模跨地区流动存在着很大的风险性，一旦出现意外事件（如恶劣天气等自然灾害）造成铁路、公路受阻，必然给煤炭的长距离运输带来严重影响，局部地区有可能发生煤炭供应短缺。2008 年 1 月 10 日起至 2 月初，我国南方地区发生极为罕见的 50 年一遇（部分地区为百年一遇）的低温、雨雪和冰冻灾害，灾害造成电力设施严重损毁，交通运输一度严重受阻，电煤供应告急。在这次雪灾中，截至 2008 年 1 月 25 日，全国电煤库存约 2142 万吨，不到正常存煤量的一半。存煤量低于 3 天的电厂有 89 座，涉及发电容量 7795 万千瓦，超过全国总装机容量的 1/10。全国因缺煤停机 3990 万千瓦，国网覆盖范围内因缺煤停机 2402 万千瓦，南网覆盖范围内因燃料供应和自然灾害等问题停机 1588 万千瓦。因此，建立煤炭资源保护性开采机制和煤炭储备体系具有非常重要的意义。

第二节　国外能源储备体系发展的经验

发达国家的能源储备体系起步较早，从 20 世纪 70 年代至今 40 多年的发展过程中积累了丰富的经验，形成了比较完善并各具特点的管理体系和运作机制，对于完善我国能源供应体系具有积极的借鉴意义。

一　美国能源储备体系

（一）美国石油储备体系

1. 发展与现状

美国能源储备体系的建立可以追溯到 20 世纪早期。1912 年，美国国会批准规划建设"海军用油保护区"，以此来保证未来海军的石油需求。1944 年，美国政府就考虑将石油储备突破军事领域的局限，提出建立国家石油储备的设想，希望以此来保障石油供应的安全和经济的平稳运行。其后又分别于 1952 年和 1965 年多次提出建立国家战略石油储备的动议，但是由于美国面临的多次石油困难的解决过程相对顺利，因此美国并没有立刻着手建立国家战略石油储备体系。直到 20 世纪 70 年代的第一次石油危机，美国石油供应出现严重短缺，美国政府才于 1975 年底开始真正建立战略石油储备制度，石油储备的目标也从最初的确保军事供应转变为防范石油危机的冲击、保障经济的平稳运行。平滑油价波动，减缓石油供应不足对经济安全的冲击成为战略石油储备的根本职能。

从 20 世纪 70 年代到 90 年代初期，美国战略石油储备持续较快增加，1977 年美国战略石油总储备量为 7455 千桶，此后快速增加到 1986 年的 5 亿桶以上。从 20 世纪 90 年代初到 21 世纪初，美国采取降低储量平抑油价的方式，促进经济发展，美国战略石油储备保持较长时期的稳定。2001 年美国遭受历史上最严重的 9·11 恐怖袭击之后，当时的布什政府认识到，作为美国经济命脉的石油供应一旦因突发事件中断，将给美国带来灾难性的影响。因此，2001 年 11 月中旬，布什下令能源部迅速增加战略石油储备，[①] 美国的战略石油储备从 2001 年的 5.50 亿桶快速增加到 2002 年的 5.99 亿桶，2003 年达到 6.38 亿桶，此后一直稳定在 7 亿桶左右的水平。2011 年，美国战略石油储备达 695951 千桶，库存最高数量出现在

---

① 《布什政府调整美国战略石油储备政策》，《人民日报》2003 年 5 月 20 日。

2009 年，数量为 726616 千桶（见图 7 - 5）。IEA 的数据显示，到 2012 年
4 月，美国的石油储备天数已达到 172 天。美国石油储备以原油为主，按
行业储备与公共储备的比例来看，基本保持在 1.2 ~ 1.3 的水平。2012 年
4 月美国的工业储备为 96 天，公共储备为 76 天（见图 7 - 6）。

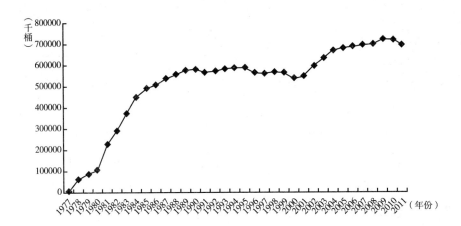

图 7 - 5　美国战略石油储备的原油储量

资料来源：http：//www. eia. gov/dnav/pet/hist/LeafHandler. ashx？n = pet&s = mcsstus1&f = a。

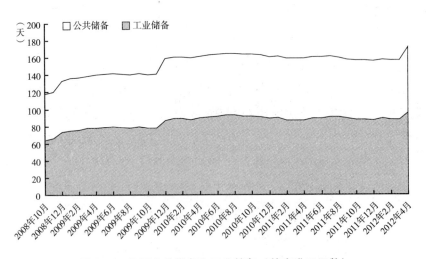

图 7 - 6　美国公共储备和工业储备（按净进口天数）

注：IEA 战略石油储备分为公共储备和工业储备两类。公共储备由政府或机构持
有，完全用来满足国家战略石油储备的要求。工业储备由企业持有，既可以用来满足
企业的商业需要，也可以用来满足国家的战略石油储备要求。

资料来源：根据 IEA 数据统计整理，http：//www. iea. org/。

美国石油储备品种除原油外，还包括液化石油气、航空汽油、汽车用油、煤油、燃料油、润滑油、沥青等各类石油成品和半成品，而战略储备石油基本上是原油。原油的储备包括战略石油储备和非战略石油储备，非战略石油储备又包括炼油厂储备（Refinery）、油库及输油管道储备（Tank Farms and Pipelines）、租赁协议储备（Leases）和阿拉斯加中转储备（Alaskan in Transit）。2011年底，美国原油储备规模为10.27亿桶，其中战略石油储备规模为6.96亿桶（占67.77%），非战略石油储备规模为3.31亿桶（占32.23%）。在非战略石油储备中，炼油厂储备规模为0.91亿桶，油库及输油管道储备规模为2.14亿桶，租赁协议储备规模为2.28亿桶，阿拉斯加中转储备规模为0.03亿桶。[①]

从储备方式来看，美国的石油储备主要包括资源产地储备和地下储备库储备两种。资源产地储备方式，即暂不开采探明的可开发利用的资源，而是将其保存在地下加以储备。这一储备方式主要是在美国阿拉斯加产油区（2350万英亩），通过规划出大片含油区域，探明石油储量后就地长期封存，只勘探不开采，以备急需。第二种方式主要是通过"盐丘构造"技术进行地下储备，这是美国战略石油储备最重要的方式。"盐丘构造"技术是先钻开盐洞顶部，注水溶掉洞内盐分，再抽干，通过洞内的盐膜来保护石油。与建造油罐相比较，地下盐洞作为储油库具有成本低、施工难度小、安全系数高的优点，这种盐洞储备平均每桶容积建造成本只有1.5美元，每桶储备石油每年的日常运行和维护费为25美分，是采用地上罐储方式的1/10，是采用岩石矿洞储存方式的1/20。[②] 从原油和石油产品储备的地区分布来看，2011年底，东海岸地区、中西部地区、墨西哥湾沿岸地区、洛矶山脉地区和西海岸地区的储备规模分别为1.76亿桶、2.73亿桶、11.40亿桶、0.36亿桶和1.46亿桶，占总储备规模的比重分别为9.94%、15.46%、64.35%、2.03%和8.21%。墨西哥湾沿岸地区的储油基地具备地质条件优越、石油产量丰富、石化工业发达、储运条件便利、

① 美国石油储备品种结构的详尽数据参见 http://www.eia.gov/dnav/pet/pet_ stoc_ typ_ d_ nus_ SAE_ mbbl_ m. htm。

② 雪峰：《美国的战略石油储备体系》，《全球科技经济瞭望》2004年第8期。

有密集管道网向全国辐射等优点，在原油供给发生中断时，可迅速将原油送达至沿岸及内陆的炼油厂。

2. 管理与运行机制

美国的石油储备体系建设与运行是在法律的框架下进行的，相关法律的设立和完善贯穿石油储备体系的形成和发展过程。1975 年《能源政策与储备法》（EPCA）的出台标志着美国石油储备体系的正式确立。《能源政策与储备法》提出建立 10 亿桶战略石油储备的目标，以缓解未来有可能出现的石油供应中断问题。该法明确规定将国家战略石油储备的动用权授予总统。[1] 当能源供应大幅下降或油价大幅波动，油价飙升对经济的正常运行造成重大冲击时，总统有权下令释放国家战略石油储备。另外，国会对总统释放石油储备的权力进行了限制，要求无论如何执行释放计划，战略石油储备总量都必须保持在 5 亿桶以上，一次释放的储备总量不得超过 3000 万桶，且必须在 2 个月内全部释放完毕。[2] 根据危机对经济所造成的冲击程度不同，战略石油储备的释放方式被划分为全面动用、有限动用和测试性动用。在《能源政策与储备法》原则的指导下，美国加入了国际能源署（IEA）。1980 年的《能源安全法》要求政府加强原油的采购，加快战略储备的建设，这也促使美国的战略石油储备从 1980 年起开始迅速增加。1990 年，美国政府对《能源政策与储备法》进行修订，规定除进口石油出现严重供应中断的情形外，美国总统可以在国内石油产品供应不足时实施战略石油储备的释放计划。此外，当企业由于突发事件而导致石油供应中断时，美国能源部可通过有偿借贷的方式向这些企业提供石油供应，但借贷期不能超过 6 个月，借贷总量不能超过 500 万桶。[3]

美国战略石油储备目前实行的是总统领导下的能源部 – 石油战略储备办公室 – 石油储备基地三级管理体系。在三级管理体系中，能源部居于管理层，

---

[1] Foreign Policy Research Institute, Oil Diplomacy: The Atlantic Nations in The Oil Crisis of 1978 – 79, Philadelphia, 1980. p. 6.

[2] 章奇：《美国的石油安全战略以及战略石油储备计划与管理体制》，《国际经济评论》2005 年第 4 期。

[3] 孙泽生：《IEA 的石油储备释放计划：缘起、影响和启示》，《国际石油经济》2011 年第 7 期。

负责制定规划和政策，石油战略储备办公室实施管理，委托民间机构负责站点日常运行。石油战略储备办公室由能源部部长领导，负责石化能源的部长助理分管，下设专门部门具体管理5个储备基地和1个中转基地。① 在能源部的领导之下，各储油基地均设立了执行机构，以保证战略石油储备在紧急情况下的顺利使用。执行机构代表能源部对基地进行管理，负责石油储备基地的建设、储备油的购买、设施维护等工作。为了增强能源预测能力和降低决策的风险，1977 年，美国专门成立了能源信息署和研究机构阿岗国家实验室，对美国和全世界的能源信息进行统计分析，并参与美国的能源政策决策。一方面，由美国政府部门直接负责储备基地的管理模式可以最大限度地实现国家政策目标，易于配合国家整体储备计划，便于进行统一领导，避免储备被私人擅自动用，有利于保证石油储备的安全。但从另一方面来看，虽然美国政府在储备的管理过程中提高了市场化程度，但是政府的运作成本相对较高，在具体的管理和储备更新过程中也不够灵活。

作为政府主导型的储备体系，美国政府承担战略储备的全部费用，并在年度财政预算中列出相应的支出项目，通过国会预算程序并由总统签署后生效执行。财政专门设有 SPR 会计和 SPR 石油会计两个科目，所需费用由美国国会统一进行分配。其中 SPR 会计科目主要用于储备基地的建设、运行、相关管理、科研及员工支出。同时，出售战略储备石油所获资金被划为 SPR 石油会计科目，并作为战略石油储备的追加预算。SPR 石油会计科目用于储备用油的采购、储备、运输、进口关税及其他支出。1976～2004 年，美国用于战略石油储备的资金约 20 亿美元，每年用于维护与经营的费用达 2 亿美元，其中 75.4% 用于采买石油，22.9% 用于储备设施建设与维护，1.7% 用于日常管理。② 为了减轻财政上的负担，美国政府采取了一系列的改革措施。自 1995 年起，美国政府在确保战略石油储备计划得以实施的前提下，对闲置的储备设施进行商业化运作，具体包括出租转让闲置中的储备设施（短期出租仅针对国内公司，长期出租则

---

① 何晓伟、郑宏凯：《美国战略石油储备的经验及借鉴》，《宏观经济管理》2011 年第 12 期。

② 邵志刚：《美国石油政策的演变与战略石油储备政策的形成初探》，苏州大学硕士学位论文，2008。

针对需要原油储存设施的 IEA 成员国）；在战略石油储备基地开辟外贸分区，为境外石油消费国和生产国提供储备石油的服务；将过剩的储备空间转变为有偿的商业储备空间。1999 年，克林顿政府采用了"矿产特许费换石油"的方法，规定租用美国外大陆架的石油生产商必须将所产石油的 12.5% ~ 16.7% 提供给美国政府，并可以以等额的现金代替所需提供的石油，从而改变了直接以现金购买石油的方式。[①]

美国的战略石油储备释放十分谨慎。根据《能源政策与储备法》，战略石油储备的全面动用和有限动用必须由总统决定，测试性动用可授权能源部部长决策。一般只有在发生紧急事件，导致石油供应中断、油价大幅飙升并对经济造成重大冲击时，美国总统才会决定释放储备。但如果总统认为石油供应环节可能出现问题或以石油出售来减缓财政压力时，也会释放储备。在参与国际石油机构的释放行动时，美国总统经过与成员协调之后，可以有限动用政府所属的石油储备。从美国的历次石油储备释放来看，主要有测试性出售、紧急释放、协议交换和非紧急出售（见表 7 - 7）。

表 7 - 7 美国几次典型的战略石油储备释放

释放时间	释放类型	规模（万桶）	原因
1985 年	测试性出售	1	对国家石油储备进行检测
1991 年 1 ~ 3 月	紧急释放	1730	支持沙漠风暴计划，补给石油供应
1996 年 1 月至 1997 年 1 月	非紧急出售	2810	为减少财政预算赤字，降低储备成本，采用高抛策略
2000 年 7 ~ 10 月	协议交换	3280	缓解美国东北部冬季取暖油的需求，建立取暖油储备，同时更换储备库中的陈年原油
2005 年 9 月至 2006 年 1 月	紧急释放	1100	缓解飓风卡特里娜造成的石油供应短缺
2011 年 6 ~ 8 月	紧急释放	3064	应对利比亚石油供应下降和全球经济复苏

资料来源：美国能源局，http：//www. fossil. energy. gov/programs/reserves/spr/spr-drawdown. html。

美国战略石油储备的释放主要是通过竞价的方式向市场出售，能源部专门制定"标准出售条款"进行规范。具体的程序是，在总统批准释放战

---

① 邵志刚：《美国石油政策的演变与战略石油储备政策的形成初探》，苏州大学硕士学位论文，2008。

略石油储备后，能源部门在战略储备石油销售前 1~2 个月发布销售信息，包括销售的原油种类、售量、交货时间、地点等内容，然后由各石油公司提出竞买申请，由能源部对各石油公司进行筛选，在收到中标者的支付能力保证和履约保证后签订合同，最后从储备基地提取原油，经中转基地由管线或油轮发运给中标者。同时，美国能源部有权以平均最新中标价格，将原油销售量的 10% 出售给特定买主，并委托相关的企业组织实施。[①]

（二） 美国天然气和煤炭储备体系

美国天然气储备以生产性储备为主，以应对能源调峰和紧急事件、保障安全稳定供气为主要目的，并逐步开始转向于防范国际天然气供应中断造成的影响。美国的天然气储备主要分为地下储气库和 LNG 罐储两种形式，并以地下储备为主要形式。2007 年，美国所建设的枯竭油气藏储气库、盐穴型储气库和含水层储气库总数已达 400 座，三种储气库建设的数量分别为 326 座、43 座和 31 座，工作气量分别为 $999 \times 10^8 \mathrm{m}^3$、$110.4 \times 10^8 \mathrm{m}^3$、$48.99 \times 10^8 \mathrm{m}^3$。[②] 其中，枯竭油气藏储气库建库周期短、储气量大、经济效率高，主要用于季度需求进行调峰；盐穴型储气库储气量小、周期短、机动性强，主要针对日需求进行调峰。这些储气库主要分布在天然气的主消费区和主产区，一半的储气库坐落在东北消费地区。作为世界上最早开发 LNG 的国家，美国在 2009 年已建成 11 个 LNG 接收站，总储量达 $11.49 \times 10^8 \mathrm{m}^3$。[③] LNG 接收站储罐的储备数量和空间较小且周边安全距离较大。

美国天然气储备实行的是公司制为主体的市场运作模式，地下储气库经营商主要包括州际管道公司、州内管道公司、城市燃气公司和独立储气库经营商。对地下储气库实行联邦和地方两层管理体制，州际管道公司、州内管道公司和地方公司所拥有的跨州服务储气库接受联邦能源监管委员会的管理，提供州内服务的储气库由地方政府管理。LNG 接收站主要由私人公司或上市公司进行投资建设，由本土的石油公司和煤气公司采用总

---

① 何晓伟、郑宏凯：《美国战略石油储备的经验及借鉴》，《宏观经济管理》2011 年第 12 期。

② 李伟、杨宇、徐正斌等：《美国地下储气库建设及其思考》，《天然气技术》2010 年第 4 卷第 6 期。

③ 李健胡：《美日中 LNG 接收站建设综述》，《天然气技术》2010 年第 4 卷第 2 期。

承包交钥匙工程建设。① 美国天然气储备管理涉及多个部门，如联邦能源监管委员会负责陆上 LNG 接收站和州际管道，海岸警卫队负责海上 LNG 接收，联邦环境监管局负责地下储备建设的安全和环保等。

二 欧盟能源储备体系

（一）欧盟石油储备体系

1. 发展与现状

欧盟各成员国石油储备各有特点，可以概括为在欧盟统一协调下的多元化储备模式。其中，英法两国提出石油储备的时间相对较早，英国在 1917 年就制定了储备能源燃料的有关规定；法国在 1923 年开始要求石油运营商必须保持足够的石油储备，并于 1925 年通过法案正式成立国家液体燃料署管理石油储备。1968 年 12 月，欧共体要求成员国持有最低 65 天国内日均消费量的石油储备。② 此后，欧盟（欧共体）对成员的石油储备义务标准有过两次变化。第一次是在 1972 年，欧共体将之前的标准提高到最低 90 天国内日均消费数量；第二次是在 2009 年，欧盟明确立法要求，采取与 IEA 相一致的储备标准，将上一年的进口石油产品折合成原油当量，以 90 天的净进口量为石油储备底线，少数产油国可承担 61 天国内平均消费量的储备义务。与此同时，为加强应对危机的能力，完善各国的石油储备，欧盟鼓励成员国建立至少 30 天的专项储备作为中央储备实体的重要资产，并要求构成专项储备的成品油为国内主要的成品油消费品种。就各国而言，义务储备天数是在不断调整的过程中确定的，其中尤以德国的义务储备天数变化最为典型。德国在 1976 年加入 IEA 后，规定石油储备量为上一年石油净进口 90 天的规模；1978 年明确规定石油储备量必须建立满足 65 天消费的成品油储备，其会员在完成联盟义务的同时必须建立相当于 25 天进口或加工数量的企业储备；1981 年《发电厂储备规定》要求各燃油发电厂必须拥有能满足 30 天正常发电的燃油储备；1987 年规定联盟储备提高到 80

---

① 李健胡：《美日中 LNG 接收站建设综述》，《天然气技术》2010 年第 4 卷第 2 期。
② 肖英：《欧盟石油储备改革新动向》，《国际石油经济》2010 年第 4 期。

天，会员企业的储备降至 15 天；1998 年决定石油储备联盟承担标准为 90
天的国家法定石油储备，并取消企业法定储备义务；2000 年宣布不再保留
政府石油储备，并出售其 700 万吨的石油储备。[①]

欧盟并没有对各国的具体储备方式进行规定，各国依据本国的情况采
取了多样的储备方式。例如，德国对原油主要采取地下储备库储备并主要
集中在北部岩洞中，成品油以地上油罐储备为主。[②] 就欧盟石油储备的品
种来看，2009 年之前，分汽油、中间馏分油和燃料油三大类。2009 年将
储备品种目录从三大类扩展到原油、NGL（天然气凝析液）、炼厂原料、
乙烷、LPG、车用汽油、航空煤油、柴油、燃料油、润滑油、沥青、石
蜡、石油焦等 20 余种，并允许各国根据实际消费自主确定储备品种。例
如，英国石油储备主要包括轻柴油、煤油、汽油以及大型油轮用燃料油；
德国的主要石油储备为汽油、中间馏分油和重油（燃油），成品油和原油
各一半；法国是以汽油和航空煤油、柴油、家用燃油、喷气发动机燃油和
重油等成品油为主，原油为辅。[③] 根据欧盟委员会的数据，表 7 - 8 列明了
欧盟 27 国的具体石油储备情况。

表 7 - 8　欧盟 27 国石油储备量

储备分类 国家	车用汽油和 航空汽油		粗柴油、柴油、 煤油和航空煤油		燃料油		总计		
	储备数量 （千吨）	储备 天数	储备数量 （千吨）	储备 天数	储备数量 （千吨）	储备 天数	储备数量 （千吨）	储备 天数	海外储备 （千吨）
奥地利	749.0	149.8	2151.0	102.4	724.0	362.0	3624.0	129.4	0.0
比利时	356.0	88.1	2320.0	61.0	136.0	92.8	2812.0	64.6	1411.0
保加利亚	122.1	72.7	313.9	62.5	64.0	93.6	500.0	67.7	0.0
塞浦路斯	94.8	92.9	234.2	105.6	386.0	108.3	715.0	105.1	337.4
捷克	533.3	103.7	1156.1	100.2	110.5	130.4	1799.9	102.7	0.0
丹麦	613.0	163.5	1661.0	158.2	1018.0	1357.3	3292.0	219.5	62.0
爱沙尼亚	80.1	91.2	159.7	92.3	1.7	123.7	241.5	92.1	147.1

① 陈德胜、雷家骕：《法、德、美、日四国的战略石油储备制度比较与中国借鉴》，《太平洋学报》2006 年第 2 期。
② 李北陵：《欧盟战略石油储备模式管窥》，《中国石化》2007 年第 9 期。
③ 李北陵：《欧盟战略石油储备模式管窥》，《中国石化》2007 年第 9 期。

续表

储备分类 国家	车用汽油和 航空汽油		粗柴油、柴油、 煤油和航空煤油		燃料油		总计		
	储备数量 （千吨）	储备 天数	储备数量 （千吨）	储备 天数	储备数量 （千吨）	储备 天数	储备数量 （千吨）	储备 天数	海外储备 （千吨）
芬兰	570.0	117.8	2082.0	157.3	651.0	194.3	3303.0	154.1	0.0
法国	3038.0	123.5	15488.0	105.7	1673.0	229.2	20199.0	113.2	412.0
德国	6914.0	126.2	17994.0	107.8	2643.0	169.4	27551.0	116.1	1826.0
希腊	1011.0	91.1	2300.0	104.8	712.0	92.1	4023.0	98.7	0.0
匈牙利	364.0	101.1	788.0	105.1	153.0	765.0	1305.0	115.5	0.0
爱尔兰	511.8	107.7	1326.9	83.8	237.4	129.0	2076.1	92.6	228.0
意大利	3529.0	125.6	8691.0	99.0	4998.0	431.3	17218.0	135.1	2627.0
拉脱维亚	37.5	36.0	89.2	36.3	27.3	402.1	154.1	43.2	0.0
立陶宛	96.9	88.6	229.2	71.4	157.9	187.1	484.0	94.0	0.0
卢森堡	95.9	85.8	575.4	88.2	1.0	333.3	672.2	87.9	590.8
马耳他	24.3	125.1	63.1	85.8	198.2	127.6	285.5	115.0	0.0
荷兰	2662.1	227.3	4925.2	152.1	1744.4	21804.9	9331.7	211.3	2728.8
波兰	1493.9	131.6	4109.2	129.1	370.4	245.3	5973.5	133.7	0.0
葡萄牙	719.7	177.0	2083.2	121.3	794.4	197.1	3597.3	142.4	397.0
罗马尼亚	294.2	88.6	587.4	60.6	377.2	400.9	1258.8	90.2	0.0
斯洛伐克	195.9	95.4	357.5	90.8	30.8	96.2	584.2	92.6	0.0
斯洛文尼亚	147.9	79.9	437.6	79.7	4.6	200.0	590.1	80.1	183.5
西班牙	2229.0	129.2	10891.0	100.5	2383.0	213.2	15503.0	113.3	157.0
瑞典	1215.0	119.9	1956.0	125.7	993.0	429.9	4164.0	148.7	230.0
英国	3984.4	116.4	8904.4	106.2	1103.1	298.9	13991.9	114.9	4023.7
总　计	31682.9	125.4	91874.2	105.5	21692.8	259.8	145249.9	120.3	15361.2

资料来源：欧盟委员会网站2010年6月数据。

2. 管理与运行机制

欧盟有关石油储备的法律法规包括欧盟立法和各成员国立法。为了统一规范和协调各国的石油储备行动，欧盟在2009年出台了《欧盟关于成员国承担保有原油或石油产品最低储备义务的法令》（欧盟理事会第2009/119号法令），对各成员国的储备义务、储备信息、储备监管和国际协调等做了详尽的要求，赋予欧盟对各成员国监督和审查等权力，成为欧盟内协调石油储备的最重要的法规。为适应本国的能源储备计划，各成员国也制定了大量的相关法律。法国1992年《石油供应安全法》的内容包括，成立了一个新机构——战略石油储备专业委员会（CPSSP）专门负责制定储备政策以及战略石油储备的运作，建立石油储备库和购买储备的经费由国家财政负担并绝对控制，战略储备的成品油量为前一年销售总量的27%，海外省、海外领地和地方行政区域战略储备量为前一年销售总量的20%；1993年进一步明确经营者必须建立和保持相当于上年原油和成品油消费量26%的石油储备，约合95天的消费量。德国1965年的《石油制品最低储量法》规定，在政府配合市场为主的调解原则下，凡从事石油及石油制品的进口及生产企业，必须保证足够的应对石油短期中断的储备量；1974年的《能源安全保障法》规定政府可以在应对石油危机时拥有更多的权力，并开始在北德平原的地下岩洞建设400万吨级国家石油储备基地；1978年的《石油及石油制品储备法》是德国关于石油储备最为详尽的法律，对建立石油储备联盟（EBV）、义务储备天数等做出了具体的规定，并于1987年、1998年进行了修订。[①]

欧盟各国的石油储备管理体系不尽相同，总体呈现出政府储备、机构储备和企业储备的多样组合。鉴于企业储备的可靠性不高，欧盟2009年要求成员国必须建立中央储备实体，且一国之内仅限一个主管机构。中央储备机构在实现国家储备任务后，可接受企业的委托，有偿帮助企业完成义务储备。此外，欧盟还要求各成员国建立专项储备管理，对于混放的成品油要及时鉴别和计量。德国目前实行的是在联邦政府的管理之下，由德国石油储备联盟（EBV）负责的机构储备体系。德国政府已经基本不参与石油储备，而是通过立法和制定政策对全国的石油储备进行管理，由EBV负责具体工作。根据《石油及石油制品储备法》规定，EBV是具有独立法人地位的石油储备组织，负责国家的法定储备义务，作为德国的石油储备法定机构管理全国成员的石油储备工作。EBV下设会员大会、监事会、理事会和常设委员会。监事会负责采购石油、制定会费标准、使用超额储备出售的收入和监督理事会。其成员包括经济部、财政部、联邦参

---

① 陈德胜、雷家骕：《法、德、美、日四国的战略石油储备制度比较与中国借鉴》，《太平洋学报》2006年第2期。

议院的代表和会员大会选举的各公司代表，并在 6 名企业代表中选举出监事会主席和副主席。[①] 理事会负责向联邦政府汇报月度和年度的相关信息与报表等日常性工作。EBV 全国的储备运行资金，主要来自会员缴纳的会费和政府提供的贷款，政府不提供直接资助，企业不得参股。法国实行的是兼具机构和企业的储备体系，主要的机构是法国石油战略储备行业委员会和安全储备管理有限公司。1925 年专设国家液体燃料署管理国家石油储备工作，1992 年建立法国石油战略储备行业委员会（CPSSP）专门负责石油储备的政策制定和储备运作，所需的储备库建设和采购资金全部由国家财政提供。安全储备管理有限公司负责保持、管理国家的部分战略储备石油，缓解紧急状态下的供应安全危机，改善储备的区域分布等。法国规定，石油储备在保持总量不变的前提下永久保存，只有国家经济财政工业能源部和能源矿产资源局才能决定对总量的更改。英国是典型的企业储备体系，政府并不直接拥有战略石油储备，仅规定石油产品生产商和零售商有义务保持一定的石油储备。

欧盟针对各国的储备监管机制包括：要求各国建立鉴别、计量和控制机制，在欧盟层面新建审计与评估机制，完善统计报告制度等方面。[②] 各成员国必须及时对本国的石油储备情况进行统计和审查，定期将相关的储备信息汇报给欧盟委员会，欧盟将针对各国的储备义务完成情况、商业储备信息和有关文件及记录进行审查。在欧盟委员会的领导下，专设原油和石油产品协调小组负责分析欧盟石油供应状况，协调成员间行动。法国对战略储备石油实行永久性监控，石油战略储备行业协会对安全储备管理有限公司进行监管，拥有石油储备建设的审批权；海关可对公司的账目和储备情况随时检查，并向能源和矿产资源局进行汇报和记录；对于违规的公司，由国家经济财政工业部决定处罚并将罚款交付给海关。德国主要由 EBV 负责监管，有下设的监事会、理事会等机构负责执行。

---

① 李北陵：《欧盟战略石油储备模式管窥》，《中国石化》2007 年第 9 期。
② 肖英：《欧盟石油储备改革新动向》，《国际石油经济》2010 年第 4 期。

欧盟 27 国内，除塞浦路斯、爱沙尼亚、拉脱维亚、立陶宛、马耳他、斯洛文尼亚、保加利亚、罗马尼亚外，其他国家均加入了 IEA。根据 2009 年欧盟法令，欧盟在 IEA 决定释放储备计划时要积极配合，建议所有成员国根据计划释放相应数量储备。各成员国必须建立必要的应急储备启动机制，向欧盟委员会提供本国的应急计划安排和组织结构，以便及时、有效地应对石油中断造成的影响。成立原油及石油产品协调小组，分析、协调和执行欧盟能源政策。在成员国出现石油供应危机且没有国际释放计划时，欧盟委员会可以通过国际协商，在确认发生严重的石油危机时实施对应急储备和专项储备的释放计划。法国能源和资源管理局有权要求石油战略储备行业协会和安全储备管理有限公司针对国内具体缺油地区动用该地区石油储备，该地区要及时增加相当的储备量并在 30 日内恢复到原有水平，以保证全国总水平。德国在本国能源供应受到冲击和履行 IEA 及欧盟计划时会释放石油储备。德国的能源应急组织成员包括联邦经济与劳动部、联邦经济与出口管理局、EBV 代表和有关专家，并由供应协调委员会和危机供应理事会参与和实施应急行动。供应协调委员会主要负责评估石油供应形势、分析石油危机有关数据和条件等工作，危机供应理事会主要针对制定石油的投放方式和数量、限制消费的计划和生产结构调整等内容，二者均是石油释放政策的重要组织。

（二）欧盟天然气储备体系

欧盟天然气储备的目标是推动市场化建设，保证能源优质低价供应。欧盟天然气一半以上都来自进口，欧盟各国天然气储备率大致为15% ~ 25%，法、德两国的天然气储备率为 20% ~ 25%，英国储气量较小，大致为 5%。[①] 就各国的储备方式来看，英国以地下储气库为主、LNG 储备为辅，其地下储备采取枯竭油田和盐穴储备；法国以地下储气库为主、LNG 储备为辅，地下储备有含水层储备和盐穴储备；西班牙以 LNG 储备为主、地下储备为辅，地下储备全为枯竭油气藏，地面有 LNG 调峰站和

---

① 李伟：《欧洲天然气管网发展对我国天然气管网的启示》，《国际石油经济》2009 年第 6 期。

气化厂储备；意大利以地下储气库为主、LNG 储备为辅；德国以地下储气库为主、LNG 储备为辅，地下储气库分为枯竭油气藏、含水层和盐穴，数量分别为 14 座、9 座、22 座。就储备规模来看，2008 年英国储备量相当于本国消费的 17 天，法国为 100 天，西班牙为 39 天，意大利为 67 天，德国为 87 天。[①]

　　欧盟要求各国必须维护好天然气的运输、储存和配送工作，加快各国的立法进程。就各国而言，英德对储气库费用实行监管，法国由储气公司自行定价。储气库运营商的收入来源主要是峰谷差价和收取的服务费用。欧洲天然气地下储气库主要由管道公司和城市燃气公司开发、拥有和运行，受中央政府管理。2000 年，欧盟要求成员国逐步放松对天然气工业的管制，准许第三方进入天然气储气库设施领域。欧盟所要求的这种开放只是一种经营、财务和结算上的独立，并没有明确要求在管理体制和功能上独立。在定价方面，欧盟内储气业务开放的国家和地区实行协商定价，尚未开放的地区实行管制定价。实行协商定价的国家主要有法国、荷兰、德国、英国、丹麦、捷克斯洛伐克等，实行管制定价的主要有波兰、西班牙、比利时、意大利、罗马尼亚和保加利亚等国。[②] 协商定价要在保证公平、公正的竞争秩序的前提下，提高对储气库建设投资的效率；管制定价要反映合理的成本和收益率，根据市场变化定期调整，以保证公开透明。2007 年，欧盟提议将一体化的天然气运营进行拆分，勘探、进口和销售实行市场化，输送和 LNG、储气库和配送受监管或部分监管。英国的地下储气库全部交由公司管理；法国的天然气储备也基本由公司来运作；西班牙实行政府部分监管，并通过《天然气设施第三方准入条例》等法律进行规范；意大利由工业部和能源监管机构管理天然气储备，石油天然气公司负责储备设施的运营。[③]

---

①　马胜利、韩飞：《国外天然气储备状况及经验分析》，《天然气工业》2010 年第 8 期。

②　胡奥林、何春蕾、史宇峰等：《我国地下储气库价格机制研究》，《天然气工业》2010 年第 9 期。

③　杨玉峰：《IEA 天然气安全供应应急经验与启示》，《国际石油经济》2012 年第 1 期；马胜利、韩飞：《国外天然气储备状况及经验分析》，《天然气工业》2010 年第 8 期。

三　日本能源储备体系

（一）日本石油储备体系

1. 发展与现状

日本石油储备起步于 20 世纪 60 年代，日本炼油商根据本国的生产能力，提出建立 45 天的石油储备以保证生产的平稳运行。面对中东战争所造成的石油紧张，日本政府于 1968 年明确支持增加石油储备计划。1972 年，日本政府宣布三年内石油储备每年增加 5 天，并于 1975 年实现 60 天的储备量。1974 年加入 IEA 后，日本按照 IEA 的规定于 1979 年实现 90 天的石油储备目标。20 世纪 80 年代，日本意识到民间储备的发展受到资金、规模和安全性等一系列限制，决定通过石油公团大力发展国家石油储备。1989 年，日本政府提出建立 90 天的国家储备目标，同时将民间储备义务降低到 70 天水平。资料显示，从 80 年代到 90 年代，日本的国家储备快速增加，并超过民间储备，总储量不断增长。IEA 数据显示，2012 年 4 月，日本的石油储备已达 166 天。

就储备方式和种类来看，日本由于自身地理条件限制，难以像欧美国家那样进行大规模的地下储备，所采取的是以地面储备为主，同时包括半地下储备、海上油船和油罐及地下洞穴油库的综合储备方式。地面储备基地主要包括六小川原、苫小牧等，半地下储备基地有秋田，海上储备基地包括白岛、上五岛，地下储备基地包括久慈、川木野等。[1] 在建设国家储备阶段，日本实行临时性租借储油船储备和永久性国家储备两种方式，国家储备石油均为原油。民间储备量包括进口、运输、炼油生产和配送过程中的石油，即包括原油、成品油和半成品油。民间储备只要求储备数量，并没有要求储备的种类和方式。日本境内（包括日本海域内）油轮所储存的原油和成品油也统计在民间储备量之中。为了完成民间储备义务，日本还成立了两家共同石油储备基地，即北海道共同石油储备基地和新泻石油储备基地，储备能力分别为 35.0 亿升和 11.3 亿升。图 7 - 7 是 1972 ~ 2006 年日本石油国家储备及民间储备变化。

---

[1]　冯春萍：《日本石油储备模式研究》，《现代日本经济》2004 年第 1 期。

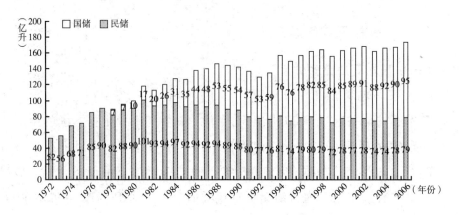

图7-7　日本国家储备及民间储备变化

资料来源：井志忠《日本石油储备的现状、措施及启示》，《国外问题研究》2009年第1期。

2. 管理与运行机制

日本的石油储备法律建设相对完善，对石油储备的要求比较明确。1962年颁布《基本石油法》，规定通产省负责日本的石油储备工作。1967年出台《石油公团法》，规定石油公团对石油和天然气的开发和储备进行保障；1978年对此法进行修改，规定石油公团兼有政府和国家石油公司属性，承担国家石油储备任务，并成立国家石油储备公司负责基地建设和运营。1968年制定《石油工业法》，要求私营石油公司进行石油储备，政府对其给予贷款和税收的优惠政策。1975年颁布《石油储备法》，对石油企业的储备义务、最低储备量、储备种类和管理等做了清晰的界定；并分别于1981年和1989年对此法进行了修改，包括增加进口液化石油气的储备义务，逐步降低企业法定储备量等内容。2002年的《独立行政法人石油天然气和金属矿物国家机构法》对日本的石油储备管理体制进行较大的改革，《石油公团法》就此被废止。[①]

2004年之前，根据《石油储备法》《石油公团法》等相关规定，日本建立了通产省资源能源厅－石油公团（JNOC）－国家石油储备公司三级管理体制。通产省资源能源厅是日本石油储备的最高领导层，负责石油储

[①]　廖建凯：《日本的能源储备与应急法律制度及其借鉴》，《环境资源法论丛》2010年00期。

备的行政管理事务，包括制定石油储备的目标、石油储备的资金、石油储备基地的审批、石油储备的动用以及管理石油公团等内容。2004 年之后，修订后的《石油储备法》规定，所有规模以上炼油企业、石油进口商和石油销售者等，必须定期向政府部门进行汇报。通产省也将对企业的石油储备进行不定期抽查，对违规企业发出警告并责令限期达标，否则将受到严厉处罚。石油公团是由政府全额出资成立的独立法人机构，在通产省的指导之下负责全国石油储备的项目管理、对国家石油储备公司提供财政支持及管理等工作。国家石油储备公司是石油储备的具体执行部门，每个国家石油储备基地均成立一个独立的储备公司，负责储备基地的工程建设和运营管理。每一储备基地的建设，由石油公团出资 70%，私营石油公司等相关企业出资 30%。① 2004 年，日本石油天然气和金属矿产资源机构（JOGMEC）作为一个独立的行政法人成立，接管了石油公团的全部国家石油储备的管理工作。而石油公团的石油开发业务则委托于民间，石油储备转为国家事业。政府通过与 JOGMEC 签订《国家储备设施管理委托契约》和《国家储备石油管理委托契约》，将石油储备基地的土地、设备和石油全部收归国有。JOGMEC 接受经济产业省（原通产省）管理，受其委托管理石油储备，国家仅对其提出中期目标而不再干预具体的管理运作。国家石油储备公司转为民间投资的操作服务公司，不再对储备设施拥有产权。JOGMEC 和操作服务公司通过签订契约，进行责、权、利的运作。至此，日本石油储备形成了经济产业省 – JOGMEC – 操作服务公司的新的三级管理体制。

日本石油储备的资金大体包括日本政府年度财政拨款、政府贷款、提供担保的商业银行贷款和企业自筹资金。从 1978 年起，日本政府专设石油专门账户来征收石油税，除大部分资金用于政府储备外，还用于民间储备、石油开发和产业调整等。通过编制国家石油储备特别预算、政府和国家信贷部门筹集公共基金，日本政府对石油储备给予财政投资和贷款支持。日本政府还通过日本开发银行或冲绳开发公库为民间石油企业建设石

---

① 安丰全、裴建军：《对日本石油储备管理经验的新认识》，《国际石油经济》2005 年第 3 期。

油储备设施提供低息贷款。冲绳开发公库专为冲绳县服务，为民间石油企业建设石油储备设施贷款 70%，其他建设项目则由日本开发银行提供 50% 的贷款。对于建设储备设施规模为 46～80 天之内的项目，贷款利息补贴率为实际利率减去 5.5%，若该数小于零，则以零计算；对于规模为 45 天以内和 80 天以上的项目则不予补贴。① 日本开发银行和冲绳开发公库承担的利息差则由日本政府给予补贴。日本资源机构所需费用和与石油储备相关资金经政府部门（经济产业省）审批后也由政府财政支付。民间石油储备资金除来自国家和机构的补贴及贷款外，政府允许石油储备加快折旧，还可将储备资金纳入企业成本进行筹措。

日本政府规定，为保障石油供应和国家安全，在发生紧急情况或石油供应严重不足时应进行石油储备的应急释放。经济产业省拥有石油释放的决策权，企业向市场投放储备石油必须通过经济产业省的审批。《应急反应导则》和《协调应急反应措施手册》等对石油储备的释放机制做了明确说明。一般在动用政府储备之前，可采取减少企业的义务储备或者释放企业的商业储备，最后才对政府的石油储备进行释放的措施。② 1991 年海湾战争期间，日本政府动用了民间储备的各类油品 1570 万桶；2005 年为了缓解卡特里娜飓风加剧的国际石油市场供应紧张状况，日本政府在 30 天内向国内市场投放了总量为 730 万桶的民间战略石油储备；2011 年 6 月，为配合 IEA 石油释放计划，日本释放的总量达 790 万桶的石油储备全部为民间储备。③ 释放到市场的储备石油以竞价方式进行出售，由出价最高的公司获得，参与竞标的公司可以是石油公司和石油贸易公司。该过程必须在经济产业省发布释放命令后的两个星期内完成。

（二）日本天然气储备体系

日本本土几乎没有天然气资源，其消费的天然气全部来自进口的

---

① 安丰全、裴建军：《对日本石油储备管理经验的新认识》，《国际石油经济》2005 年第 3 期。

② 《应急反应导则》"规定紧急事态下政府储备应该被作为'最后选择'，但在紧急事态早期，当 IEA '协调应急反应措施程序'实施时，政府储备应该及时有效地投放到市场，以给市场宣誓效应"。参见廖建凯《日本的能源储备与应急法律制度及其借鉴》，《环境资源法论丛》2010 年 00 期。

③ 井志忠：《日本石油储备的现状、措施及启示》，《国外问题研究》2009 年第 1 期；孙泽生：《IEA 的石油储备释放计划：缘起、影响和启示》，《国际石油经济》2011 年第 7 期。

LNG。据 BP 资料统计，日本 2011 年天然气消费量为 1055 亿立方米，进口天然气 1070 亿立方米。1969 年日本建成根岸接收站引入美国阿拉斯加的 LNG，成为日本第一个 LNG 接收站。截至 2010 年，日本已建成接收站 26 个，在建接收站 5 个，另有内航船 LNG 中转接收站 5 个（函馆、八户、高松、松山和筑港）以及大量的卫星站，成为全世界建设 LNG 接收站最多的国家。[①] 经多年建设和发展，日本国家和民间的天然气可达到 80 天的储备量。[②] 日本 LNG 罐储分为地上储罐、半地下储罐、嵌入式地下储罐、全地下储罐，并以地下储备形式为主。之所以主要采取地下储备方式，是由于日本多发地震，为防范地震损毁而采取安全措施。其储备罐的体积大小不一，根据实际需求灵活建设。日本最大的 LNG 接收站坐落于千叶县，是由东京燃气所运营的袖浦接收站。为实现对天然气的有效管理，日本制定了《天然气储备法》、《燃气事业法》、《高压燃气保安法》和《电气事业法》等。天然气的主管部门是经济产业省，海上警卫队也参与管理，LNG 的建设和经营均由公司负责，各公司主要由银行、保险等金融机构控股。LNG 的运营主要由东京燃气、大阪燃气和东邦燃气等公司负责，海外采购和运输由三井物产、三菱商事等公司完成，LNG 设备的施工和制造由三菱重工、川崎重工等重工制造公司完成。[③]

四　国外能源储备体系的特征总结

虽然美国、欧盟和日本能源储备体系的发展历程各有特点，但均是从所处的客观形势与资源禀赋出发，逐步建立和完善本国或本地区的能源储备体系。各国能源储备的首要目标均为保障能源供应、平抑能源价格波动和稳定经济运行。

在法制建设方面，各国的能源储备体系都是在法律法规的框架下逐步推进完善的。各国的储备规模、储备管理、储备释放等具体实施均是以现有立法为依据，在法律框架下有法可依地有序进行，对违法行为均有明确

---

①　李健胡、萧彤：《日本 LNG 接收站的建设》，《加工利用》2010 年第 1 期。

②　马胜利、韩飞：《国外天然气储备状况及经验分析》，《天然气工业》2010 年第 8 期。

③　李健胡、萧彤：《日本 LNG 接收站的建设》，《加工利用》2010 年第 1 期。

的惩罚措施。

根据储备主体的不同，能源储备可分为国家储备、机构储备和企业储备。国家储备的优势在于对政府政策响应及时，安全性最高，但劣势在于储备的成本过高，经营效率不高；企业储备的优势在于经营灵活，多样性强、效率高，能分担国家储备负担，但劣势在于管理和品种不统一，不如国家储备对政策的执行效果稳定。尽管各国的储备主体不尽相同，但都是根据本国的实际情况，在政府与市场之间寻找最佳的结合点，以加快推进能源储备体系的建设，提高能源储备体系的运行效率。

在国际协调方面，美国、日本和欧盟主要国家均加入了 IEA，各国的储备释放相互协调。国际能源机构的成员国掌握了大量的石油储备，对于全球石油储备的调节具有重要影响。作为国家间石油储备的释放机制，IEA 释放计划的动机已不仅仅局限于应对能源的供应，还可以说是一种能源政治的综合调节。只有积极参与更广泛的国际能源协调组织，才能更好地对国家能源安全进行保护和对世界形势变化做出及时有效的反应。

储备的方式和种类的选择，取决于本国的地理、技术、能源资源和消费结构等方面的特点。如美国地域广阔，地质条件优越，因此主要采用大规模的地下盐穴储备；而日本国土资源有限，可用土地狭小，因此采用地面油罐储备。不同国家的能源资源储量和消费结构各不相同、储备条件各异，因此在储备的种类和方式上均考虑本地储备的层次性、多样性和差异性，有利于储备动用的灵活性和及时性。

第三节　我国能源储备体系的现状与问题

一　石油储备体系

（一）石油储备现状

随着经济的增长，我国石油消费规模快速扩大、国内供应缺口日益扩大，对进口石油的依赖不断增强，石油安全风险不断提高，因此石油储备对中国的重要性也日益凸显。中国石油储备计划在 1993 年开始酝酿，

2001 年 "十五" 规划明确提出，"建立国家石油战略储备，维护国家能源安全"，2003 年胡锦涛同志在中央经济工作会议上强调指出 "加快建立国家石油战略储备"。按照规划，中国将用 15 年的时间分三个阶段来完成石油储备基地的软硬件建设。计划三期建设总规模为 6800 万吨，其中第一期 1200 万吨、第二期 2800 万吨、第三期 2800 万吨，到 2020 年三期项目全部完工时约合 5.03 亿桶。第一期国家战略石油储备基地工程于 2004 年初开工建设，目前建设已经完工并完成了注油，第二阶段处于建设期，第三阶段的石油储备基地正在规划中，基地的位置和数量现在还没有确定。已建成的第一批国家石油储备基地包括镇海、舟山、黄岛和大连，分别由中石化和中石油负责建设。四大储备基地储备能力总计 1400 万吨（约合 1.02 亿桶），可形成约 10 余天原油进口量的政府储备能力，加上石油系统内部约 21 天的商业石油储备，目前石油储备能力大体上仅有 30 天左右的原油进口量。中央政府非常重视国家石油战略储备的建设，《石油和化学工业 "十一五" 发展规划纲要》提出，增强石油战略储备能力，扩建和新建原油储备基地，在京津地区、长江三角洲、珠江三角洲和成渝地区建设成品油储备基地；2009 年国务院发布《石化产业调整和振兴规划》指导石油储备建设，决定增加国家战略石油储备总量，鼓励企业抓住油价低迷的机会增加石油储备规模，并提出参照原油商业储备做法，尽快研究制定成品油商业储备办法和制度；《国家石油储备中长期规划》指出，我国在 2020 年以前要继续增加国家石油储备总规模，进一步提高应对石油中断风险的能力，稳定石油市场，保障石油供应安全；《石油和化学工业 "十二五" 科技发展规划纲要》提出，扩建和新建原油储备基地，在长三角、珠三角、环渤海和成渝地区建设成品油储备基地。

在规划的 12 个国家石油储备项目中，大部分储备采取地面油罐储备，并在二期工程中开始尝试地下水封洞库和地下盐穴的储备方式。在地面罐储中，所使用的储油罐基本都是相对标准的 10 万立方米储罐。从区位选址上来看，一期储备项目中的镇海、舟山、黄岛和大连四个储备基地分布于浙江、山东和辽宁，均为东部沿海地区；在二期建设项目中，为了平衡在地区上的分布，增加了新疆和甘肃等西北地区作为储备基地。新疆和甘肃接近石油资源，具有重要的战略位置。从储备规模和投资来看，西北三个石油储备基地（鄯善、独山子和兰州）的总储备为 1640 万立方米，达到两期规划总储备规模的 26%。除上述的储备基地外，与美国阿拉斯加地区相似，中国将新疆、陕甘宁、川渝、青海四大油气区作为四大战略储备田，将其中部分勘探好或者开发好的油气田进行封存或少量开采，以此作为战略储备资源。表 7-9 为我国已建和在建的国家石油储备基地。

表 7-9　我国已建和在建的国家石油储备基地

	储备基地	地点	建设及管理	储备规模	储备方式	投资额
一期国家石油储备基地	镇海	浙江省宁波市镇海区，占地 1.12 平方公里	中石化承建；原隶属于国资委，是独立企业法人，现由中石化管道公司管理	520 万立方米	52 座储油罐	37 亿元
	舟山	浙江省舟山市岙山岛，占地 1.42 平方公里	中国中化集团建设和管理	总计 750 万立方米：初期规划 500 万立方米，2009 年增加 250 万立方米	26 座 10 万立方米储罐的安装及相关配套	40 亿元
	黄岛	山东省青岛市黄岛区，占地 0.63 平方公里	中石化承建；原隶属于国资委，是独立企业法人，现由中石化管道公司管理	320 万立方米	32 座单体库容由 10 万立方米的双盘式浮顶油罐及其相应的辅助配套设置构成	24 亿元
	大连	辽宁省大连市开发区新港镇，占地 0.73 平方公里	中石油承建	300 万立方米	30 座单体库容由 10 万立方米的双盘式浮顶油罐及其相应的辅助配套设置构成	25.1 亿元
二期国家石油储备基地	鄯善	新疆鄯善县	中石油旗下新疆油田公司 EPC 项目部承建	800 万立方米，一期规划 100 万立方米建成投产	10 座 10 万立方米的外浮顶原油罐及其相应的辅助配套设置组成	65 亿元
	独山子	新疆克拉玛依市独山子区	中石油独山子石化公司承建、管理	540 万立方米	罐装储备	26.5 亿元

续表

储备基地		地点	建设及管理	储备规模	储备方式	投资额
二期国家石油储备基地	兰州	甘肃省兰州市永登县,占地0.885平方公里	中石油兰州石化公司承建、管理	300万立方米	由30座10万立方米石油储罐及其配套设置构成	23.78亿元
	天津	天津滨海新区	中石化管道公司承建	1000万立方米（500万立方米国家战略石油储备罐和500万立方米商业石油储备）	100个10万立方米的储罐	—
	锦州	辽宁省锦州市锦州经济技术开发区,占地0.68平方公里	中石油承建	300万立方米	地下水封洞库	22.6亿元
	湛江	广东省湛江市廉江市良垌镇	中石油承建	总储量700万立方米,先期建设500万立方米,预留200万立方米	地下水封洞库	23亿元
	惠州	广东省惠州市惠东县稔山镇	中海油承建	500万立方米	地下水封洞库	41亿元
	金坛	江苏省金坛市	中石油承建	300万立方米	地下岩穴	—

（二）管理与运行体系

中国的石油储备管理体系已初具雏形，采取三级管理体系，即发改委能源局国家石油储备办公室－石油储备中心－储备基地。[①] 中国的石油储备以国家出资为主，其中政府储备由国家出资建立，企业义务储备由企业自筹资金，国家给予财政和税收等政策支持。中国已经建成的石油储备基地一期工程和正在建设的石油储备二期工程都是政府石油战略储备，这些石油储备基地是由国家出资，政府委托中石油、中石化和中海油进行建设，待建成后由国家石油储备中心接管，负责石油储备基地的后勤管理。国家发改委是国家石油储备的出资者，对国家石油储备进行全面的监督和管理。国家石油储备中心是三级储备体系中的执行层，负责国家石油储备

---

① 金芳、董小亮：《建立和完善我国石油战略储备的探析》，《中外能源》2008年第4期。

基地的建设和管理，承担石油战略储备收储、轮换和动用任务，并监测国内外石油市场供求变化。国家石油储备中心是国家成立的事业部门，不具有营利性质。国家石油储备中心可采取高抛低吸的方式，维持石油储备的正常运营。石油储备基地负责具体的操作和运营，主要由中石化、中石油和中海油三大石油公司负责建设和管理。

中国的国家石油储备体系遵循国家储备与企业储备相结合、以国家储备为主的方针。根据《石油工业"十五"规划》，国家储备与企业储备的功能不同，前者由中央政府直接掌握，主要功能是防止和减少因石油供应中断、油价大幅度异常波动等事件造成的影响，保证稳定供给；后者是在与其生产规模相匹配、正常周转库存的基础上，按有关法规承担社会义务和责任必须具有的储存量，主要功能是稳定市场价格，平抑市场波动。国家石油储备主要分三期建设（见前文），中石油、中石化和中海油已经向国家申请注册了石油商业储备公司，分别规划和建设了自己的商业石油储备基地。近年来，三大石油公司所建设的商业石油储备基地主要有：中石油在铁岭建设的总储备量达116万立方米的商业储备基地，在浙江东部平湖市建设的储量达200万立方米的原油商业储备库；中石化在天津滨海新区建立的储备量为320万立方米原油和200万立方米成品油的商业石油储备基地；中海油在广州杨浦经济特区建立的储备量为30万吨的商业石油储备。三大石油公司的商业储备建设，丰富了中国石油储备的类型，但从目前的经营和管理体制来看，三家公司的储备同时还兼具了某种程度的政府储备角色。近年来民营企业也参与到石油储备业务中来，2010年5月发布的《关于鼓励和引导民间投资健康发展的若干意见》提出，支持民间资本参股建设原油、天然气、成品油的储运和管道输送设施及网络。同年，国家石油储备中心举行利用社会库容存储国家储油的资格招标，共有6家企业获得资格，其中包括舟山世纪、舟山金润、浙江天禄等三家民营企业。这是国家石油储备体系首次向民企开放。

二　天然气储备体系

（一）天然气储备现状

天然气储存方式有输气管道末段储气、储气罐储气、地下储气库储气、天然气液化储存、天然气在低温液化石油气溶液中储存及同态储存等多种方式。[①]我国的天然气储备建设主要是地下天然气储气库和液化天然气（LNG）罐储两种方式，以及部分的管道末段储气。中国的天然气地下储气库起步于20世纪70年代，大庆油田率先尝试利用气藏建设储气库，但直到20世纪90年代才开始真正研究地下储气库建设。我国目前所规划建设的储气库主要分布在天津、江苏、河南、辽宁、黑龙江、吉林、内蒙古、河北、湖北、云南等地区，主要分布在天然气管道沿线和天然气主消费区。20世纪90年代初，随着陕甘宁大气田的发现和陕京天然气输气管线的建设，为确保北京、天津两大城市的安全供气，我国开始筹备建设天然气地下储备库。截至目前，保障北京和天津两市调峰的天然气储气库主要有大张坨地下储气库、板876地下储气库和板中北储气库，总调峰气量接近 $20.0 \times 10^8 m^3$。为保障"西气东输"管线沿线和长江三角洲地区的天然气供应，规划在江苏金坛（一期、二期）和刘庄建设两个储气基地，总储气规模可达到 $19.59 \times 10^8 m^3$。除此之外，湖北潜江储气库服务于川气东送建设，辽河、大庆和长春储气库负责东北管网稳定运行，中原文留、鄂尔多斯和华北雁翎储气库配合陕京管线的燃气输送，河南平顶山和湖北应城储气库则负责配合西气东输二线投运后的储气需要。与其他储备方式相比较，天然气地下储气库是相对经济的一种，可用于稳定供气的日度和月度调峰。从地下储气库的类型来看，包括枯竭油气藏储气库、含水层储气库、盐穴储气库和废弃矿坑储气库等方式，中国目前建设的储备基地主要采取的是枯竭油气藏储气库和盐穴储气库。已经建设的枯竭油气藏储气库主要有大张坨、板876、板中北高点、板中南高点、板808、板828、京58群、刘庄等，盐穴储气库主要有金坛一期和金坛二期工程。已经开始动工的新疆呼图壁储气库项目，总投资93.7亿元，总库容为107亿立方米，生产库容为45.1亿立方米，是中国规划建设中规模最大的储气库。

中国进口LNG项目于1995年正式启动，由国家计委委托中国海洋石

---

① 刘炜、陈敏、吕振华等：《地下储气库的分类及发展趋势》，《油气田地面工程》2011年第12期。

油总公司进行东南沿海 LNG 引进规划研究。目前，国内规划建设的 LNG 项目共有 13 个，分布在广东、福建、上海、浙江、海南、江苏、山东、辽宁等地。① 这 13 个 LNG 项目分别是中海油的广东 LNG 项目、福建项目、上海项目、珠海项目、浙江宁波项目、深圳项目、海南项目、粤东项目、粤西项目，中石油的江苏项目、大连项目、唐山项目和中石化的山东项目。除国家建设的 LNG 接收站外，各地方也积极建设卫星站。自 2001 年山东淄博 LNG 卫星站建成投产供气以来，中国已经在华东和华南等地建成百余座 LNG 卫星站。与此同时，城市自建天然气液化装置的储存应急项目也有较大进展，例如南京 LNG 项目和合肥 LNG 项目等。《石油和化学工业"十二五"科技发展规划纲要》提出，扩大 LNG 进口来源和渠道，在沿海地区适当建设液化天然气接收站。

（二）管理与运行体系

中国没有颁布专门的天然气储备法律，相关管理规定主要分布在相关法律、政府政策规划和企业使用的标准规则中。2007 年，国家发改委颁布的《天然气利用政策》第六条规定，保障稳定供气，天然气供需双方应明确彼此在调峰和安全供气方面所承担的责任，并鼓励建设调峰设施和建立特大型城市天然气储备机制。企业在具体建设过程中，根据实际操作并借鉴欧美建设标准也制定了执行标准，如中石油于 2010 年制定了《盐穴储气库腔体设计规范》《盐穴储气库造腔技术规范》《盐穴储气库声纳检测技术规范》3 项标准。②

从投资建设来看，我国 LNG 接收站项目的投资和建设主要由中石化、中石油和中海油牵头，会同各地方电力公司和煤气公司共建。项目的融资实行多元化，允许国有资本、民营资本和国外资本参与 LNG 项目的建设，但目前主要以国有资本为主，股东多为石油公司、电力公司和煤气公司。例如，在广东 LNG 项目中，BP 作为外资承包方，拥有 30% 的股权；江苏 LNG 接收站项目中新加坡金鹰国际集团旗下太平洋油气有限公司持有

---

① 刘小丽：《中国天然气市场发展现状与特点》，《天然气工业》2010 年第 7 期。
② 肖学兰：《地下储气库建设技术研究现状及建议》，《天然气工业》2012 年第 2 期。

35% 的股权。

与石油储备一致，天然气储备受国家能源局的监督和管理。对于天然气的调峰储备的调度，在国家能源局的统一管理下，主要是由各地根据实际用气需求进行调节。2012 年 7 月，在国家能源局的批准下，上海石油交易所首次对天然气调峰储备进行市场化尝试，本次交易由中石油、中海油、申能集团、广汇等公司调配资源，向上海石油交易所天然气现货交易平台投放 1 亿立方米天然气，作为调峰气量，以及时解决夏季天然气尖峰需求。

三　煤炭储备体系

（一）煤炭储备现状

煤炭的储备方式相对简单，主要包括煤炭资源型储备和煤炭现货储备。煤炭资源型储备即勘探后不开采或少量开采，保存待以后使用。这种储备方式是应对煤炭资源长期利用的一种手段，而对国家能源进行调节主要是靠现货储备。煤炭的现货储备主要分散在煤炭企业、电力企业和港口等储备基地，是应对突发性能源供给短缺的一种有效手段。

我国煤炭储备启动较晚，2008 年雪灾造成的煤炭供应短缺加快了这一进程。中国煤炭工业协会于 2008 年 8 月底公布的《我国煤炭法规体系架构方案》（征求意见稿）明确提出应建立国家战略煤炭储备，重点是煤炭战略资源储备。2011 年 1 月，国家发改委组织召开电煤供应协调会时，首次明确提出要研究建立煤炭应急储备机制，原则上煤炭调入省份均应建立煤炭应急储备基地，随后于 2 月 24 日召开国家煤炭应急储备工作会议，4 月下发了《关于下达 2011 年第一批国家煤炭应急储备计划的通知》，部署了第一批国家煤炭应急储备计划。同年 5 月，国家发展改革委、财政部联合发布《国家煤炭应急储备管理暂行办法》，强调通过建立国家煤炭应急储备制度，提高应急状态下的煤炭供应保障能力，缓解煤炭供需矛盾，保障经济运行、群众生活和社会稳定。2012 年 3 月，能源局发布《煤炭工业发展"十二五"规划》，在总结分析发展现状、存在问题和面临形势的基础上，提出按照一次建设、分期投产的原则，储备一批煤矿产能。

《煤炭工业发展"十二五"规划》特别强调，按照辐射范围广、应急能力强、运输距离短、储备成本低、环境污染小的要求，在沿海、沿江、沿河港口及华中、西南等地区，加快建设煤炭应急储备体系。同时，有关部门要加强对地方和企业煤炭储备工作的引导和规范，建立全国煤炭应急储备体系。

我国的国家应急煤炭储备计划分三批进行建设，储备规模超过2000万吨。其中，第一批规划建设的500万吨应急储备计划分解到18家企业，即神华集团、中煤集团、同煤集团、中平能化集团、淮南矿业集团、淮北矿业集团、徐州矿物集团、华能阳逻电厂、大唐湘潭电厂、国电九江电厂10个煤炭、电力企业作为承储企业，秦皇岛、黄骅港、舟山港、广州港、徐州港、珠海港、武汉港和芜湖港8个港口为储备点。目前，第二批应急煤炭储备计划参与评审论证的企业有开滦曹妃甸动力煤储配公司、国投曹妃甸港口公司、神华巴蜀电力公司、神华（福建）能源公司以及山东日照港集团等，总规划为1000万吨，其中山东日照港集团已率先完成审批，开工建设。

在国家煤炭储备基地规划、建设的同时，各地方也积极建设区域性煤炭储备基地。福建、湖北、江苏、北京、山东、甘肃、山西、浙江、河南、辽宁、重庆和吉林等地已经提出建设规划，部分省级煤炭应急储备基地项目已开工建设和投入运营。比如，福建省政府在2003年投资3000万元购煤，建立煤炭应急储备制度；湖北省政府在2007年1月明确提出为保障煤炭供应，建立襄樊余家湖港、宜昌枝城港和汉阳煤场三大煤炭储备中心；2011年江苏省在沿海、沿江和沿大运河地区规划建设滨海、大丰、靖江、太仓、徐州和镇江等6个省级煤炭中转储备基地，预计可形成1.6亿吨以上中转储备能力，其中沿海地区5000万吨，沿江地区6000万吨；北京市于2006年建起首批储备30万吨煤炭的煤炭应急储备库后，在2011年上半年出台了《北京煤炭储备基地规划方案》，确定在昌平、房山、密云、大兴和顺义5处建设煤炭储备基地，储备规模按照10%的年需求量制定，规划总储备300万吨；山东省在2011年初发布了《关于推进山东省煤炭应急储备基地建设的意见》，规划到2015年建成6~8个区位优势较强的省级煤炭应急储备基地，规模达到 600 万吨以上；甘肃规划到 2015 年建成 10 个以上中心，煤炭应急储备规模超过 500 万吨/年。

（二）管理与运行体系

1998 年之前，国家对煤炭储量管理属于行业管理，随着国家机构改革的不断深入，国家对煤炭行业的管理权划归为国土资源部。[①] 2011 年《国家煤炭应急储备管理暂行办法》规定，我国的国家煤炭应急储备是由中央政府委托煤炭、电力等企业在重要的煤炭集散地、消费地、关键运输枢纽等地建立，并由中央政府统一调用的煤炭储备。煤炭储备的国家管理部门主要有国家发改委、财政部、交通运输部、铁道部等，对国家应急煤炭储备的规模、布局、动用等方面进行监管。中国煤炭工业协会、国家电网公司等单位负责煤炭市场监测预警和信息支持，收集电煤生产、消耗、库存情况，分析趋势并提出应急储备建议，协助做好相关工作。各承储企业应在每月第 10 个工作日前，分别向国家发展改革委、财政部及各省级主管部门上报国家煤炭应急储备月度报表和分析报告。

从储备基地的投资建设来看，我国的煤炭储备基地是由政府委托、企业承建。在发改委等部门对储备基地的选址和规模进行审批后，由各相关公司负责具体的建设和管理。储备基地的资金来源主要有国家补贴、贴息贷款和企业自筹资金等。国家煤炭应急储备所需资金，原则上由承储企业向银行申请贷款。需中央投资补助的项目，经过申报和审批，从中央预算内基建投资中安排投资补助，并按照财政国库管理有关规定支付资金。国家煤炭应急储备的贷款贴息和管理费用补助由财政部负责审定安排，财政部驻地方财政监察专员办事处对承储企业有关财务执行情况进行监督检查。在中央财政安排财政补贴之后，承储企业自负盈亏。为保证充足的资金，各储备企业在自筹资金方面采取了多元化的融资模式。这些融资方式包括企业资本合作，如珠海港储备基地总投资 43 亿元，神华集团、粤电集团和珠海港集团分别持股 40%、30%、30%；企业资源合作，曹妃甸

---

① 郑福涛：《煤炭资源储量管理的研究》，《洁净煤技术》2011 年第 5 期。

数字化煤炭储备基地由开滦集团牵头建设，唐山曹妃甸港、大唐国际等11家企业参与，总投资 27.1 亿元，通过不同企业间的资源整合，共同建设储备基地。

《国家煤炭应急储备管理暂行办法》规定，我国的国家储备煤炭动用由国家发改委、财政部根据各省申请，或中国煤炭工业协会、国家电网公司等单位的建议以及其他应急需要，做出动用决定，向承储企业等有关单位下达动用指令，交通运输部、铁道部对应急储备煤炭的运输进行组织、协调，并对运输执行情况实施监督检查。储备释放的价格参照储备点所在地当期同品质煤炭市场价格执行，有关衔接方式、资金结算等，按日常供需衔接方式运作。如遇紧急情况，按照动用指令中的明确要求执行。储备的定期轮换应与正常生产经营、周转相结合，保证储备煤炭始终处于先进先出、以进顶出的滚动状态，每季度至少轮换一次。

四　我国能源储备体系存在的问题

我国能源储备体系虽然起步晚，但是发展快，近年来取得了较大的成绩。但是问题仍然存在，主要包括以下几个方面。

第一，法律法规体系不完善。能源储备是一项事关国家与产业安全、投资额巨大、建设周期长的系统工程，必须有一套系统的法律规范进行约束。我国《能源法》《石油储备条例》等相关法律虽然已经列入国家立法计划，但正式颁布的时间还没有确定。就《能源法》草案来看，尽管对相关事项做了原则性的说明，但是与能源储备相关的具体的运行管理并没有清晰的界定，缺乏现实的可操作性。我国目前的储备虽然已存在国家储备和商业储备，但是并没有规定企业的义务储备，作为国家能源储备体系补充的运作方式并无标准。

第二，储备规模仍然偏小。我国能源储备起步晚，能源储备基地的储备容量和实际储备规模仍然较小，对能源有效供给的保障水平较低。例如，国际能源署对成员国的储备要求是相当于 90 天石油净进口量的石油储备。我国目前石油储备规模远远低于这一水平，并且即使三期石油储备基地项目全部建设完毕，总储备规模也不过 90 天的储备水平，与美国、日本等主要发达国家的实际储备水平仍有相当大的差距。我国地下储气库建设严重滞后于天然气工业和天然气市场发展速度；国家应急煤炭储备计划头两批 1500 万吨的储备不足以应对较大的供应危机。此外，中国没有与国际能源署建立有效的协调机制，也大大制约了中国石油储备应对国际石油冲击的能力。

第三，储备基地布局和储备方式不尽合理。我国规划的十二个国家石油储备项目中有九个集中在沿海地区，不利于应对战争、台风等不可抗力造成的冲击。我国的地下岩盐资源丰富，现在已经查明在华东地区和苏北、苏南、安徽淮南、山东等地均发现有大型盐矿，但利用盐穴储油的方式尚未得到充分利用，目前的石油储备方式以地上油罐储存为主，建设成本及日常维护费用都比较高，不利于节省储备资金，容易暴露且易受到自然灾害影响。我国综合利用油气藏、含水层和盐穴等技术进行储气库的建设起步较晚，正式投入建设的类型相对单一。从石油储备的品种来看，国家石油储备主要是原油储备，而成品油的储备比重较低。我国天然气的主要消费区分布于东部地区，但东部地质条件复杂，利用油气田改建地下储气库的难度大。目前建设的煤炭储备基地，主要是依托原有的煤炭产区或是港口进行建设，很难针对不同地区在紧急条件下调运，也难以在储备规模上快速增储。

第四，储备资金来源和结构单一。中国国家石油储备基地的建设投资全部由国家承担。中国建设地上储罐的费用约为 600 元/m^3，按照一期建成储备的 $1400 \times 10^4 t$ 油量，储罐容积约需 $1600 \times 10^4 m^3$，再加上日常维护及原油购买等费用，石油战略储备资金总规模约为 160 亿美元。[①] 虽然目前我国天然气储备项目的建设采取了多元化的投资主体，放开了外国资本和民营资本的进入条件，但仍然主要依靠政府或国有企业的投资。能源储备基地的建设和能源的采购、储备基地运营管理的资金需求巨大，主要依靠政府或国有企业的投资会给国家造成较大负担，并且运作效率相对较低，也不利于分散风险。

---

① 赵燕生、马立新：《试论建立和完善我国石油储备》，《资源产业经济》2009 年第 8 期。

第四节　完善我国能源储备体系的政策建议

根据存在的问题以及与发达国家的差距，完善我国能源储备体系，第一，要加快立法工作，对能源储备的储备目标、储备结构、管理机构、运行机制、资金来源等做出明确规定，使能源储备有法可依，工作规范化、制度化、透明化。第二，以能源储备的法律法规为基础，加快推进能源管理机构建设，形成适合我国能源储藏和消费特点的能源储备管理体系，使能源储备基地的建设、储备能源的购买和释放、能源储备的监管等实现规范化、制度化。第三，加大对能源储备体系的资金支持力度，加快推进能源储备设施建设和储备的建立。可以通过财政、税收等方面的支持和优惠，鼓励和引导企业进行商业储备。

一　石油储备体系

石油储备的建设，要根据国家能源中长期发展规划，结合国内石油生产、流通和消费，以及石油化工和石油管道的建设，统筹规划、合理布局。原油储备基地应选择在具备深水港口条件、适应于从海上进口石油，或利用现有原油管道和铁路，从陆路进口邻国资源，并连接炼油厂的地区，以便于原油输送和加工。从长远来看，要在邻近俄罗斯、哈萨克斯坦的地区和我国石油主产地建立储备基地。成品油储备要面向消费市场，主要安排在大城市和油品集散地。建立国家石油储备的总体要求是：从我国的国情出发，借鉴国际经验和做法，统一规划，分步实施，逐步建立能够保障国内石油供应、稳定石油市场的国家石油储备体系。

国外石油储备分为政府储备、机构储备和企业储备三种方式，在建立、管理和动用方面各有优缺点。政府储备和企业储备在成本和效率方面各有长处，可以相互支持、相互补充。政府储备是国家石油储备的主力军，可以完全体现政府意志，集中力量有效化解供应危机。由于我国企业储备已经有一定的基础，政府储备正在建立过程中，因此，我国石油储备体系宜采取政府储备与企业储备相结合，以政府储备为主的模式；形成储备品种适应市场需要，石油生产、加工、销售、进口和储备密切衔接的运行机制；逐步形成石油储备法律法规健全、应急措施完备有效、储备资金来源稳定的保障体制。

石油储备的规模目标是反映对于未来可能导致供应减少的风险因素，将在多长时间内解决的预测。确定我国的石油储备目标及规模，应分析石油供应可能会出现的最坏情况，包括危机强度和危机持续时间。从国外情况看，IEA 要求其成员国保有的最低石油储备量（90 天净进口量），相当于历史上最严重的第二次石油危机时减少供应量的 2 倍以上。虽然目前暂时没有大规模局部战争等重大事件，出现供应全面中断的可能性并不大，但考虑到国际形势依旧复杂，不能掉以轻心。结合我国政府应具备的化解石油危机的能力，应按我国石油供应可能出现的极端情况设定，即石油进口供应量降低 30%，并持续 6 个月以上。参照国外石油储备经验，从保证国内石油供应，对外保有主动角度出发，应留有一定的剩余量，我们认为，石油储备规模目标至少应设定为相当于 90～100 天的石油净进口量。

按照以上储备规模目标，我国石油储备建设进度安排如下：近期目标是 2015 年储备规模达到 6500 万吨，其中政府储备 5000 万吨，企业义务储备 1500 万吨；中远期目标按 60 天净进口量考虑，2020 年储备规模达到 7000 万吨，其中政府储备 5000 万吨，企业义务储备 2000 万吨；2030 年达到 1 亿吨，其中政府储备 7000 万吨，企业义务储备 3000 万吨，合计相当于 90 天的石油净进口量。

二 天然气储备体系

建立国家天然气储备的总体要求是：纳入国家能源储备战略，统一规划，合理布局，分步实施。首先发展天然气商业调峰储备，逐步建立能够保障国内天然气供应、稳定天然气市场的储备体系。实现天然气供应、输送、消费与储备密切衔接的保障机制。做到保障优先、成本低廉、安全可靠、因地制宜、生态环保。

天然气储备要结合天然气供应和消费特点，在长输管线沿途、枢纽、终端，也可以在大中型城市周围建立储备设施。天然气资源储备可选择我国的一些储量高、有开发潜力、开发技术复杂、难度大、成本高、运距远的气田，例如新疆、内蒙古、陕西、四川等地及我国海域的气田，在较长时期内暂不开采，作为国家能源储备的一部分及后续资源。

根据预测，我国天然气储备目标可按 30 天的天然气净进口量考虑。近期目标，2015 年达到 10 天的净进口量，储备规模为 20 亿立方米；中期目标，2020 年达到 20 天的净进口量，储备规模为 60 亿立方米；远期目标，2030 年达到 30 天的净进口量，储备规模为 165 亿立方米。考虑到政府储备与企业商业的储备目的和作用不同，可由政府储备全部承担 30 天的储备目标。

三　煤炭储备体系

根据煤炭供需可能出现的问题，在政府主导下，以企业为主体，逐步建立煤炭资源保护性开采机制，使我国煤炭资源合理开发、综合利用，提高效益，保护环境，保障安全。规范和提高企业煤炭库存水平，建立煤炭调剂储备，应对煤炭供需季节性波动；煤炭库存或调剂储备由重点耗煤企业承担和执行，所需煤炭资源在煤炭供需淡季适时吸纳，而在煤炭供需旺季适时投放。建立焦煤、肥煤资源储备，保证稀缺性煤炭资源长期安全供应。包括专项储备和管理性储备两部分，专项储备是指国家直接掌握的新探明资源；管理性储备是指商业化运作的资源。建立煤炭液化技术及生产能力储备，国家通过规划和产业政策，支持企业开发煤炭液化工业化生产技术，进而掌握煤炭液化工业化生产技术，使其形成相对富余的生产能力，当发生石油供应危机时，以煤制油应对石油供应不足。

煤炭储备的目标是：实现煤炭资源合理、有序开采、有效利用；保持煤炭调入省市煤炭库存在需求旺季不低于 15 天，旺季到来前一个月不低于 20 天，或煤炭调剂储备规模为 300 万 ~ 500 万吨；保持焦煤、肥煤资源的储采比不低于 60 年；实现煤炭液化工业化生产技术的重大突破并达到基本成熟。

对企业煤炭库存管理，以国家发展改革部门为主，铁道、交通部门和行业协会以及相关地方政府配合，实行统一规范，联合管理，并加强监督检查。具体包括：拟定全国煤炭库存计划；制定、修改企业在不同季节的库存标准；组织、协调企业补充煤炭库存所需资源；根据市场供需形势变化，对煤炭短缺情况及时做出反应；对煤炭库存情况进行检查；收集分析煤炭市场供求信息。

建立煤炭调剂储备，以国家发展改革部门为主，铁道、交通部门和行业协会以及相关地方政府配合，实行政策支持、市场运作，体现调控，服务企业。具体包括：明确承担煤炭调剂储备的重点用户行业和企业，确定企业资质和准入门槛；拟定全国煤炭调剂储备计划，分解到企业；组织、协调企业补充煤炭库存所需资源；对企业承担调剂储备成本给予补贴；根据市场供需形势变化，调剂煤炭市场余缺，稳定市场供应；对调剂储备执行情况进行检查；收集煤炭市场供求信息。

对煤炭资源储备，由国家发展改革部门会同国土资源部门及资源所在地地方政府行使管理职责。具体包括：开展焦煤、肥煤资源状况调查，准确统计资源储量；编制焦煤、肥煤勘探规划和矿业权设置方案；编制对焦化产业实施"外科手术"式调整的产业政策或方案；提出改善焦煤、肥煤开发利用的政策措施；监督检查企业执行和落实煤炭资源储备任务的情况。

对煤炭液化技术及生产能力储备，由国家发展改革部门直接行使管理职责。具体包括：编制煤炭液化产业发展规划；确定煤炭液化产业布局；制定煤炭液化产业政策；核准并确定煤炭液化产业建设项目及企业。

主要参考文献

［1］雪峰：《美国的战略石油储备体系》，《全球科技经济瞭望》2004年第8期。

［2］章奇：《美国的石油安全战略以及战略石油储备计划与管理体制》，《国际经济评论》2005年第4期。

［3］孙泽生：《IEA的石油储备释放计划：缘起、影响和启示》，《国际石油经济》2011年第7期。

［4］何晓伟、郑宏凯：《美国战略石油储备的经验及借鉴》，《宏观经济管理》2011 年第 12 期。

［5］邵志刚：《美国石油政策的演变与战略石油储备政策的形成初探》，苏州大学硕士学位论文，2008。

［6］李伟、杨宇、徐正斌等：《美国地下储气库建设及其思考》，《天然气技术》2010 年第 4 卷第 6 期。

［7］李健胡：《美日中 LNG 接收站建设综述》，《天然气技术》2010 年第 4 卷第 2 期。

［8］肖英：《欧盟石油储备改革新动向》，《国际石油经济》2010 年第 4 期。

［9］陈德胜、雷家骕：《法、德、美、日四国的战略石油储备制度比较与中国借鉴》，《太平洋学报》2006 年第 2 期。

［10］李北陵：《欧盟战略石油储备模式管窥》，《中国石化》2007 年第 9 期。

［11］李伟：《欧洲天然气管网发展对我国天然气管网的启示》，《国际石油经济》2009 年第 6 期。

［12］马胜利、韩飞：《国外天然气储备状况及经验分析》，《天然气工业》2010 年第 8 期。

［13］胡奥林、何春蕾、史宇峰等：《我国地下储气库价格机制研究》，《天然气工业》2010 年第 9 期。

［14］杨玉峰：《IEA 天然气安全供应应急经验与启示》，《国际石油经济》2012 年第 1 期。

［15］冯春萍：《日本石油储备模式研究》，《现代日本经济》2004 年第 1 期。

［16］廖建凯：《日本的能源储备与应急法律制度及其借鉴》，《环境资源法论丛》2009 年 00 期。

［17］安丰全、裴建军：《对日本石油储备管理经验的新认识》，《国际石油经济》2005 年第 3 期。

［18］井志忠：《日本石油储备的现状、措施及启示》，《国外问题研究》2009 年第 1 期。

［19］李健胡、萧彤：《日本 LNG 接收站的建设》，《加工利用》2010 年第 1 期。

［20］金芳、董小亮：《建立和完善我国石油战略储备的探析》，《中外能源》2008 年第 4 期。

［21］刘炜、陈敏、吕振华等：《地下储气库的分类及发展趋势》，《油气田地面工程》2011 年第 12 期。

［22］刘小丽：《中国天然气市场发展现状与特点》，《天然气工业》2010 年第 7 期。

［23］肖学兰：《地下储气库建设技术研究现状及建议》，《天然气工业》2012 年第 2 期。

［24］郑福涛：《煤炭资源储量管理的研究》，《洁净煤技术》2011 年第 5 期。

［25］赵燕生、马立新：《试论建立和完善我国石油储备》，《资源产业经济》2009 年第 8 期。

［26］Leiby, Paul N. and David C., The Value of Expanding the U. S. Strategic Petroleum Reserve, Oak Ridge National Laboratory, ORNL/TM - 2000/179, November 30.

图书在版编目（CIP）数据

中国能源安全的新问题与新挑战/史丹等著. —北京：社会
科学文献出版社，2013.12
（中国社会科学院财经战略研究院报告）
ISBN 978 - 7 - 5097 - 4971 - 5

Ⅰ.①中… Ⅱ.①史… Ⅲ.①能源 - 国家安全 - 研究报告 -
中国 Ⅳ.①TK01

中国版本图书馆 CIP 数据核字（2013）第 194336 号

中国社会科学院财经战略研究院报告
中国能源安全的新问题与新挑战

著　　者／史　丹等

出　版　人／谢寿光
出　版　者／社会科学文献出版社
地　　　址／北京市西城区北三环中路甲 29 号院 3 号楼华龙大厦
邮政编码／100029

责任部门／经济与管理出版中心（010）59367226　　　责任编辑／林　尧　高　雁
电子信箱／caijingbu@ ssap. cn　　　　　　　　　　　责任校对／黄　利
项目统筹／恽　薇　林　尧　　　　　　　　　　　　　责任印制／岳　阳
经　　销／社会科学文献出版社市场营销中心（010）59367081　　59367089
读者服务／读者服务中心（010）59367028

印　　装／北京季蜂印刷有限公司
开　　本／787mm×1092mm　1/16　　　　　　　　　印　　张／15.5
版　　次／2013 年 12 月第 1 版　　　　　　　　　　字　　数／227 千字
印　　次／2013 年 12 月第 1 次印刷
书　　号／ISBN 978 - 7 - 5097 - 4971 - 5
定　　价／49.00 元